Star
星出版

新觀點
新思維
新眼界

THE TIME CLEANSE

A Proven System to Eliminate Wasted Time, Realize Your Full Potential
and Reinvest in What Matters Most

時間都到哪裡去了

重新規劃每一天，不再浪費時間
充分發揮潛能，將生命投資於最重要的事

花旗銀行、富國銀行、美國海軍、美國奧運代表團、洛杉磯警察局
NBA、MLB、NFL、NHL 指定教練

STEVEN GRIFFITH
史蒂芬・葛林芬斯——著

李芳齡——譯

目錄

第一部　做好準備

第一部將幫助你為時間淨化流程做好準備，我將帶你檢視現代生活中使用時間的常見情形，幫助你改變你和時間的關係，釐清對你而言真正重要的事，教你辨識阻礙你達成你想要的成果的時間毒素。

第二部　時間淨化流程

第二部將帶領你把時間淨化流程應用於你的生活和你的事業上，幫助你奪回以前經常浪費、損失的時間，教你如何把奪回的時間重新投資於對你而言最重要的事，以獲得最佳成果。

第三部 增進時間效能

第三部將教你，在你和時間的新關係下，如何改善你的時間品質、體驗與效能，如何辨識你個人的時間風格，以及如何運用一些先進工具、訣竅和方法來提高你的生產力。

前 言

這是一本時間使用手冊

時間是你的……

時間是你最珍貴、有限的資源，但我們經常浪費、不加以保護，讓它被偷，因為我們以為我們有無限的時間。不，你的時間其實有限；事實上，時間是一去不復返的資源。

時間對人人平等，每個人一天有24小時或1,440分鐘，沒人多一分鐘，沒人少一分鐘。每個人出生於某年某月某日的某時某分，在某年某月某日的某時某分離世，在兩個時間戳印之間，就是你的人生。

你的生活品質，取決於你選擇如何使用你的時間（或時間如何使用你）。你和時間有一種特定關係，每個人的時間關係都是獨特的。

　　你和時間的關係如何呢？你是時間的主人嗎？你感覺時間充裕，總是能夠從容不迫？或者，時間彷彿總是控制著你，使你覺得從未能夠放鬆、做自己，發揮充分潛能？

　　看完本書，你將明白，這是你最重要的關係；你將了解到，若你不是時間的主人，那你就是時間的奴隸。

　　二十五年來，我幫助高階主管、執行長、創業家、軍方領導人、職業運動員和名人展現高效能、釋放潛力，這些人是貨真價實的精英、非常成功的專業人士，在他們的行業中有優異的成就。我說這個，並非想打動你，而是要指出一個事實：這些非常成功的人，全都十分勤奮、充滿鬥志，但也全都有個問題─在他們的行程和生活中，他們全都需要更多的時間與自由。

　　大約在五年前，我領悟到一件事：我的客戶全都被同樣的障礙阻擋，他們甚至用完全相同的一句話來陳述這道障礙：「我沒有足夠的時間。」儘管他們已經那麼成功了，他們仍然想要和需要更多時間。

　　在我的客戶中，有公司的高階主管抽不出時間參加兒女的運動會，有些企業主已經很多年沒去度假了，還有很多客戶覺得天天都在趕行程，生活緊張、令人招架不住，經常心煩意亂。在我為客戶提供的教練和企業參與輔導課程中，「如何更有效運用時間」一直都是排名第一的主題。

　　我看到這個問題對這些優秀人士造成的傷害 —— 事業發展受挫、陷入財務困境、家庭生活不和睦、健康狀況不佳，總是感覺疲勞和緊張等。我的客戶經常陷於各種掙扎，未能過上最好的生活。

　　他們過著沒有靈魂的生活，就像是時間的犧牲品。

　　認知到這個問題的嚴重性之後，我開始致力於研究這個普遍的問題：我們該如何在生活中奪回更多時間，提升我們僅有的時間的生產力，做我們真正關心和最重要的事？

　　我旅行世界各地，做了很多研究與調查，尋找這個問題的解方。我想找到在現代生活中過得更有效率和生產力的方法。我的探索之旅，包括造訪現代實驗室的知名神經科學家與數學家，以及前往泰國和日本向佛僧汲取古老智慧；我向頂尖的正念（mindfulness）與表現心理學研究人員取經，甚至研究了愛因斯坦一些關於如何釋出更多時間的理論。

　　我的探索發現令我震驚。我發掘出一系列的步驟和行動，能夠幫助人們認識自身想法、行為、心智與情緒模式中的障礙，這些障礙導致他們未能在時間運用上獲得重要突破。現在，我把我學到、發展出來，傳授給成千上萬人的東西，分享在這本書裡。

　　應用書中的原則與方法，你每週將可騰出多達20小時以上的時間，同時提升每小時的生產力和效能，這樣你才會有時間做工作和生活中最重要的事。我之所以如此肯定，是因為這些原則對我和我的每位客戶都奏效。

　　本書所分享的這套系統化方法 ── 時間淨化系統（The Time Cleanse）是一套流程，教你藉由清除一直在侵蝕你的時間、精力或專注力的時間毒素（time toxins）和汙染物，讓你能夠成就更多、獲得更多，生活因此更充實、更覺滿足，不再因為時間被壓得喘不過氣來。

　　你可能心想：「這聽起來很棒，可是⋯⋯」

1.「我現在已經處於最大產能的狀態了。」

2.「我要怎麼提升生產力呢？」

3.「怎麼可能還抽得出更多時間？」

4.「要如何避免分心？」

5.「我已經試過最好的時間管理技巧了。」

6.「我哪來的精力再做這些？」

　　這些想法我都有過，直到我發現，我用的是不適合21世紀的過時時間管理方法。

　　別擔心！我保證可以解決問題，時間淨化系統是一套新的方法，可以幫助你加速達成你追求的夢想與渴望。

　　截至目前為止，追求成功最常見的忠告就是：你必

須「更努力」、「更拚命」，或是「堅持到底！」但是，你能夠這樣多久？再久，也總有個極限。拚死拚活的方法撐不了太久，擁有過人的毅力也無法幫你從源頭解決問題 —— 總是感覺時間不夠！

本書要改變這些被誇大實效的箴言與理念，我想告訴你，要訣不是時間管理，而是了解並駕馭你的時間效能（time performance）。傳統的時間管理，把時間視為分分秒秒不停流逝的稀有資源，於是你分秒必爭，這形成了強烈的時間壓力，每一分鐘你都必須做很多事，時間變成你必須對抗的敵人。

這種思維無法產生平和的心智狀態，也無法幫助你擁有最高水準的表現。再者，我們多數人無法一直保持有條理到足以管理每一天的每一個小時，這就是生活現實。

想想你最親近的人際關係 —— 你的媽媽、爸爸、兄弟姐妹、另一半、最要好的朋友、小孩、孫子女等，你的目標是管理他們嗎？當然不是！你無法「管理」你的親近關係，你必須「經營」這些關係，配合調整。你和時間的關係，也當如此，不是試圖一手控制，而是不論順不順心的時候，都把它當成最重要的盟友、另一半或戰友 —— 你和時間的關係可以是這樣，但前提是你必須和它保持正確的關係。

　　所幸，有一條通往時間自主的途徑，但可能不是你想的那樣。我們現在生活的世界，許多事物都設計成要偷走我們的時間，企圖干擾我們，使我們迷航，就連我們的大腦天生也想要不斷地分心，將我們帶離原本的目的和意圖。你無法「管理」這種種令人分心的事物和活動，時間管理在21世紀不管用。

　　你需要新思維和新方法！就一本探討「時間」這個主題的書籍來說，這是一句大膽的宣言，但這是我從我自己的生活和我卓越的客戶生活中所獲得的領悟。

　　本書所要分享的方法，是一套時間效能系統，教你如何避免浪費時間、更加善用你每天有限的時間，盡快達成你在事業上和生活中真正想要達到的境界，並且在這麼做的同時，樂在其中。

　　有效運用本書的方法，你可能會發現，你獲得了相同於各章案例所獲致的驚人成效，包括：

- 一位房地產專家用一季的時間，就產生了以往一整年的生產力，然後締造出他從事這行以來最佳的年度銷售額！
- 一位執行長每週奪回一整天的時間，陪伴他的女兒。
- 一位高階主管用他奪回的時間，創辦了自己的顧問

公司，實現了長久以來想要自己當老闆的夢想。

發展出這套系統化的方法，我對時間產生了全新的思維，改變了自己和客戶的生活。有些客戶賺到更多錢，辭掉工作，追求夢想，創立事業；有些客戶終於把一直都想要出版的書順利寫完；有些客戶創立了非營利組織，幫助他人；還有許多客戶終於作出重大抉擇，更加重視對他們而言最重要的 —— 他們的家庭和關愛的人。不論改變了哪些面向，他們全都有更好的表現，感覺人生更成功、更快樂、更滿足。他們被淨化了，時間毒素不再劫持他們的精力、專注力和夢想。

如何從這本書獲得最大效益？

我知道，時間是你最珍貴的資產，身為本書作者的我，想要讓你的時間產生最大報酬，這是我對你的承諾。你大可把時間用來做許多其他事，但是你選擇閱讀這本書，感謝你對我的信任，我很重視這份信任。

我保證，這本書將幫助你每週至少奪回10小時的時間，有成千上萬人做到這件事，其中很多人每週甚至奪回20小時以上的時間。這些數字不是捏造的，我一再在我的企業客戶、個人客戶和直播客戶身上看到這樣的成果。每週奪回10小時，一個月就奪回40小時，一年就奪回480

小時。

　　本書分成三部：

- **第一部：做好準備**。在這一部，我將帶你檢視時間的價值與運作，教你如何克服時間壓力的影響，改變你和時間的關係；我將向你證明，時間是充足的。你將會學到，為何傳統的時間管理技巧，已經不適用於現今科技導向的世界；你將會發現，是什麼在毒害你的時間，並且學會如何突破令你感覺受困的那些盲點。我將幫助你釐清你的目標與目的，教你立定意圖，提高你的成功可能性。

- **第二部：時間淨化流程**。這一部帶你把時間淨化流程應用於你的生活和事業上，幫助你奪回時間，教你如何把奪回的時間，轉投資於對你的事業和生活最重要的事。你將學會讓你獲得最佳時間報酬的流程，於日後獲得更大效益。

- **第三部：增進時間效能**。在最後這一部，我將教你如何與時間建立新的關係，改善你運用時間的品質、體驗或效能，以及如何規劃理想的一天，使你能有最高水準的表現。我將提供一些非常實用的表格工具、訣竅和方法，協助提升你的時間效能和生產力，同時幫助你在結束一天的工作與活動後恢復

　　元氣。你會了解人們擁有不同的時間風格，並且掌
握與不同時間風格的人溝通、合作的最佳方法。

　　我們會一起清除妨礙你擁有最佳表現的時間毒素、行
程汙染物，擺脫無效的時間管理技巧。這種心態上的轉
變，將永遠改變你和時間的關係、你的時間效能和你對時
間的觀念；你將成為時間的主人。

　　你不必等上一輩子，才能獲得你應得的長期幸福與成
功，從現在開始的每一天，你都可以獲得！

　　時間是你最重要的資源。

　　時間是你的！你擁有時間，你可以主宰。

　　現在是你採取行動的時候了，我們開始吧！

　　讓你的生活多出時間，為你的時間增添生命。

上網下載時間淨化系統電子版表單

第一部
做好準備

第 1 章

關於時間

時間是我們最重要的貨幣，我們應該對它作出最佳使用，
盡所能地獲得樂趣，盡所能地愛惜它，
因為我們不知道我們的時間何時結束。
—— 巨石強森（Dwayne Johnson）

　　想想你現在的生活，接著想像你擁有你想要和需要的
所有時間，你能達成什麼？若每天只有一小時的時間可以
讓你改變你現在的生活，你願意每天多花一小時做什麼？

☐ 和你關愛的人及朋友相處？
☐ 用於十分賺錢的事業活動？
☐ 去健身，以改善體適能和健康？
☐ 用來靜心，平衡情緒？
☐ 閱讀你喜歡的書籍，或是看一部你喜愛的電影？
☐ 創立一個副業？
☐ 去一家新開的餐廳用餐？
☐ 補眠？

□ 聽音樂？

□ 做公益，回饋社會？

想想，若你每天有多出的一小時可讓你隨心所欲地使用，你的生活將如何改變？每天一小時，每年就有365小時可以做豐富你的生活、帶給你快樂和幸福的事，相當於每三年就有1,000小時去做你喜愛的事！

一小時就可以產生這樣的差別：

□ 活得有目的、充滿希望或快樂，感覺值得的人生；

□ 生活充滿緊張、焦慮或不滿足感，感覺人生像倉鼠滾輪般。

你的生活品質，取決於你選擇如何使用你的時間。

請先別忙於自責，你實際上用於享受生活的時間，和你想要及需要用於享受生活的時間，這兩者之間之所以有落差，是有原因的。你的時間、精力和專注力，被現今每時每刻的科技連結、經常性的分心事物，以及無盡的即時滿足與刺激給劫持了，這真的不是你的錯，問題出在你使用時間的方法完全過時了。

你之所以過著未能充分發揮潛能的生活，唯一的原因在於時間。想想看，你為何沒去健身房？為何沒做更多業務拜訪？為何沒能多安排一些約會，以找到合適的伴侶？

為何沒能享受假期？為何沒去做志工服務？……這份清單可以一直列下去。

在谷歌搜尋引擎上，有關「自助」（self-help）這個主題，排名第一的搜尋關鍵字跟錢無關，跟身材無關，跟性無關，跟時間有關。

皮尤研究中心（Pew Research Center）調查美國中產階級的人生第一優先要務，68％的受訪者把「有空閒時間」列為最重要，勝過其餘選項，包括有小孩（62％）、事業有成（59％）、結婚（55％）、富有（12％）。[1]

若時間對我們如此重要，為何我們不多下一點工夫，學習如何更善用時間？答案很簡單：我們仍然依賴過時、不再管用的時間管理工具，這些老舊方法使我們覺得無望、生活受困，無法改變。

說到時間效能，我們現在需要的是改變思維。在現今的生活速度下，我們必須進化，以跟上科技導向的現代世界，本書試圖幫助你做到這件事。

若你正在閱讀這本書，應該是有原因的，不是偶然。若你一直在掙扎，感覺生活受困，像是撞上了一堵牆，或是你知道你的潛力尚未完全發揮，那麼你應該在運用時間方面尋求突破。

幸福與成功

　　快樂學專家尚恩·艾科爾（Shawn Achor）在《哈佛最受歡迎的快樂工作學》（*The Happiness Advantage*）中寫道：「我們最廣為抱持的成功公式不管用了，傳統智慧之見認為，若我們勤奮努力，就會更成功；若我們更成功，就會快樂。」[2]

　　我們全都聽過這個：成功來自受過優良的正規教育，擁有過人的才能、良好的人脈、迷人的性格；此外，運氣和天時地利人和也很重要。

　　社會標準、電視節目，以及媒體的內容，全都使我們相信，我們必須有一百萬美元的存款，有間漂亮的房子，還要有六塊肌或馬甲線，擁有完美的關係、出色的事業、豪華汽車，才會幸福、快樂。但其實這些都是謊言，都是假象，不完全正確，造成我們用錯誤的方式花用時間。

　　花費寶貴的時間追求錯誤、虛假的成功概念，不僅消耗我們的才能與精力，也使我們感覺力不從心。這抑制了我們的快樂與成長，阻礙了我們對自己和他人的了解；最重要的是，這可能導致我們陷入身心困頓，必須經常和時間對抗，聲稱並相信時間是我們最大的敵人，往往是導致我們無法獲得個人幸福與成功的罪魁禍首。

　　千萬別誤解我的意思，我希望你擁有一切你想擁有的，這本書也將盡力幫助你做到這件事；但是，我也希望你能夠了解，可能你很努力想要取得的那種成功，不是成功的正確定義，不是讓你長期快樂的源頭，而我會幫你發現對你而言真正重要的東西，或許你會對你的發現感到訝異。我認為，成功是持續朝著更有樂趣、能夠發揮你真正才能與天賦的生活邁進；成功是朝著你認為重要的人事物或目標前進，並且知道，在你人生的不同階段，你認為重要的東西或目標將有所改變。只有你能夠真正定義使你成功、快樂的東西是什麼，這一點無可妥協，而且應該反映在你在生活中致力於追求的東西或目標上，它應該是你的GPS，幫助你獲得你渴望且應該得到的一切。

　　若你真的想要成功，你的衡量指標應該是進展，不是完美。進展是實現成功的要素，當我們有所進展時，我們就會受到鼓舞、繼續前進，我們會感到快樂，覺得生活很美好。持續進步，跟你如何使用時間與你的時間效能有直接關係。

　　事實是，我們全都想要獲得更多的滿足感、想要成功，而且愈快愈好，我們對速度上了癮。我們希望銀行存款快速增加，投資加速成長，事業快速發展，短時間就能夠變苗條，快速發展令人滿意的戀愛關係，在年輕時就能

擁有夢想中的房子。我們想要盡快擁有更多，但是在速度與達標之外，享受過程本身也同等重要；重點是，你的成功和充分利用你的時間有直接關係。

　　時間是我們最寶貴、有限的東西，但我們經常浪費，不加以保護，以為自己還有無窮無盡的時間。我們對待時間的方式，彷彿它和其他物品無異，其實不然。我們可以改變我們使用時間的方式，改變自己要把時間花在誰身上、花在什麼事情上，一旦時間用完了，你無法取得更多時間，遊戲就結束了，請務必了解到這點。

　　生活中，有很多東西是你可以沒有的，但不包括時間。你可以幾週不吃東西，幾天不喝水，甚至幾分鐘沒空氣，你也能夠活得下去；但不論你是誰，沒有時間，你一秒鐘也活不了，擁有再多的影響力、權力或金錢，也改變不了這個事實。

　　時間本身就是生命。

有他的相伴與支持

　　我從小就愛看拳擊，我愛看重量級拳擊賽，欽羨那些傢伙的勇氣與力量，他們是我的超級英雄。小時候，我想去學拳擊，但說服不了我媽。時至今日，她當時說的話，言猶在耳：「只要還在我的眼皮子底下，我就不允許你去

打拳。等你滿 18 歲了，我無法管你，但在那之前……。」

等我一滿 18 歲，我就走進我的第一家拳擊館，它位於芝加哥市郊一座老舊育樂中心的地下室。館裡，空氣裡飄蕩著汗味，你可以聽到速度球袋反覆被擊的節奏、沙袋被重擊的聲音，以及鳴笛聲，這些背景聲音襯托著教練對拳擊手的喊叫，在我耳裡聽來，全都是美妙的樂音。那天，上帝眷顧我，讓我結識了湯姆・德萊尼（Tom Delaney）。

湯姆是灰狗巴士司機，愛爾蘭人，五十歲出頭，有著藍眼睛和啤酒肚。初次見面，他身上那混合了歐仕派（Old Spice）古龍水和汗的氣味，差點沒把我熏倒。他馬上就收了我這個徒弟，那是我此生收過的最棒的禮物之一。湯姆看到了我還沒看到的自己，我是個憤怒的小伙子，對自己有所懷疑。我不知道自己夠不夠好，湯姆看出了這些，也看到了我的才能，他有這項獨特的能力，能夠有效地激勵我、督促我，同時以愛心培育我的才能。

一開始，我就想上場出拳對打，我想發洩被壓抑了多年的怒氣和沮喪，我想測試自己，我等這天已經等得太久了，我對這個世界感到憤怒，想要發洩出來。但湯姆只是笑著說：「我的朋友，凡事都需要時間。」

我們從基礎開始 —— 如何站立和揮出基本組合拳、

打擊沙袋和速度球袋、跳繩等，他鍛鍊我的體能。每一節訓練都依循固定時間安排——三分鐘的練習，接著休息一分鐘。拳擊和這三加一的時間安排，不同於我以往做過的所有其他運動，而且拳擊是我從事的第一項非團隊運動。

　　拳擊需要你使盡全力，然後休息，再重複，做上多回合，湯姆如是訓練我，為未來的拳擊比賽做準備。我總是急於做下一件事，想要盡快上場揮拳。

　　我經常看時鐘，訓練似乎永無止境，因此訓練得不理想。過了幾週，湯姆把我拉到一旁說：「心急水不沸」，我不懂他的意思，但他繼續說：「大塊頭史蒂芬，你學得很快，你天生技巧不錯，但你若是繼續去看時鐘，你會分心，就會覺得訓練更長、更難。你必須專注於你正在做的事，你的直拳或組合拳，一直專注於這上頭。不管你在做什麼，時間都會自理，不需要你一直盯著它。你只需要聽鈴聲通知你何時開始、何時休息，時間自然就會飛逝，你將會更樂在其中，表現也會快速進步。但你要是不停地去看時鐘（clock），很可能就會被沒看到的一拳當面擊中（get clocked）。」我記得他當時說完這句雙關語大笑出來，他總是擁有很棒的資深智慧型男的幽默感。

　　這一席睿智忠告促使我專注於當下所做之事，事實證

明，他說得沒錯，練習變得更有趣，我進步得更快，練習
時間快速流逝。

　　除了這些重要益處，真正引起我注意的是，我對時間
的體驗改變了 —— 我不再一直去想著時間，我變得充分
專注於當下。我全心全意投入於當下，完全聚焦於作為拳
擊手的體驗。

　　經過一小段時間，在湯姆的訓練、指導下，我兩度打
進業餘拳擊金手套大賽的決賽，第一次是在受訓僅僅六
個月之後，在芝加哥，我當時只有19歲；第二次是一年
後，在伊利諾州春田市（Springfield）。再一年後，我贏
得伊利諾州重量級錦標賽的冠軍。

　　湯姆之所以能夠帶領我取得這項成功，關鍵在於他總
是陪伴我、支持我，不論在場上或場外，不論我贏了或輸
了，湯姆總是在我身邊。作為拳擊教練，他擁有出色的技
巧，但這遠遠比不上他這個人本身。湯姆過著簡單、但高
明的生活，他非常仁慈，總是樂觀看待生活，有耐心和直
覺看出他人的良好資質，幫助他們充分發揮潛能。但最重
要的是，他非常有愛心，總是願意現身，用他的時間幫助
需要幫助的人。

啟示
我從我和湯姆的相處中，學到了下列這些啟示：

- 正確看待時間，時間會自理。
- 專注於當下，將會改變你對時間的感受、你的表現，以及你體驗到的樂趣。
- 分心，你就可能被擊中。
- 成功有其時機。
- 你必須兼顧時間與效能。
- 我們都應該為自己找到一位像湯姆這樣的人相伴與支持。

偷走時間的科技

在今天這個世界，科技是劫持我們的時間的主要事物之一，所幸我將教你一些策略，幫助你保護你的時間，避免日後白費時間在一些無效益的事情上。

我們能夠選擇如何使用時間，這是在我們掌控之下的最大天賦。

在日常生活中不斷拉扯你的力道：選擇

能夠作出選擇，帶給我們重要力量去追求我們最重要

的希望、夢想、快樂與人生目的，讓我們在對我們最重要的領域創造有意義的生活。

可是，在持續性的網路連結、種種令人分心的事物，以及想要完成更多事的欲望下，很多人都失去了選擇如何有效運用時間的能力。我們沒有時間，也不花點時間停下腳步，思考自己究竟想要什麼。

忙亂的生活步調，導致我們不再有意識地為自己思考。我們以自動駕駛模式運作，讓種種電子裝置和環境為我們思考，例如：讓GPS告訴我們在何處轉彎，讓手機或網站作出無數建議，叫我們去聽什麼、看什麼、做什麼、穿什麼、吃什麼，左右我們的生活。

最危險的部分是，這些是漸漸地、有條不紊地發生，而且大多是在我們未覺察之下發生的。你甚至不知道，你的選擇，連同你的時間都被侵占了。

想要過自己真正想要的生活，就必須奪回時間的主導權。首先，必須記得我們可以有所選擇；其次，我們必須作出正確選擇，將目標瞄準於人生真正想要的，對我們而言最重要的東西。

正向心理學家馬丁‧塞利格曼（Martin Seligman）在研究人類行為的開創性著作《學習樂觀‧樂觀學習》（*Learned Optimism*）中闡釋了一種心理狀態，名為「習得

的無助」（learned helplessness）。[3]他的研究發現，一再受到負面刺激之後，人們會學習到無助感，相信自己無力掌控，結果便習慣於忘記自己其實能夠作出選擇。

我們每天面對的這種有害的生活現況，就是現今版本的「習得的無助」。就連螢幕的大小，也會影響我們的選擇，影響我們的無助感。哈佛商學院學者艾美・柯蒂（Amy Cuddy）和馬騰・博斯（Maarten Bos）做了一項實驗，研究螢幕尺寸如何影響人們的行為。[4]

他們讓實驗參與者在螢幕尺寸不同的電子裝置上做一些事，他們發現，使用螢幕較大的電子裝置的人，例如MacBook Pro或iMac，身體姿勢較為敞開，結果產生力量較強的行為，例如果敢；使用螢幕較小的電子裝置的人，例如iPod Touch或iPad，展現的果敢程度明顯較低。研究結論：較大的螢幕，使人更為果敢；所以，器材的螢幕大小對我們有影響。

這項研究發現令人吃驚，想想看，我們每天花多少時間在手機上，這可能如何影響我們的選擇？若你整天都花很多時間和一個小螢幕互動，當心這可能導致你在作出選擇時沒那麼果敢。

科技如何偷走你的時間？

我們的心智可能被劫持，

我們的選擇其實並不如我們以為的那麼自由。

——崔斯特・哈里斯（Tristan Harris）

在探討科技如何偷走你的時間之前，容我先強調，科技裝置顯著改善我們的生活品質，以及我們在事業及生活中的表現能力。當我們知道如何發揮它們的正面效益時，它們可能是改變結果的利器。

但是，仔細檢視你的生活，你將會看出，你的時間的最大劫持者之一是你的手機。科技裝置的設計，愈來愈支援和應用程式的互動，那些應用程式影響了我們的思考與行為，把我們帶進更深的兔子洞。科技業以人們不察的方式影響了人們的行為，這種情形被稱為「駭入大腦」（brain hacking）。

科技現在左右二十幾億人每天大部分的時間觀看什麼、思考什麼、相信什麼，這些資訊大多瞄準影響你的特定喜好，目的是影響你的時間。不信我說的嗎？研究發現，平均而言，人們每天查看手機高達150次！[5]

前谷歌設計倫理學家、人性科技中心（Center for

Humane Technology）創辦人崔斯特・哈里斯，花了十年時間研究、了解人們的思考與行為被劫持所產生的無形影響。他解釋：「就如同食品業以完美設計的組合，操縱我們對鹽、糖和脂肪的天生偏好，Instagram、推特和臉書也是基於『變動獎賞』（variable rewards）的原理而設計的。科技業挾持了我們的這些天生傾向：社會相互性（social reciprocity，我們天生傾向回應他人）；社會贊同（social approval，我們天生在意他人對我們的看法）；社會比較（social comparison，我們天生在意自己相較於同儕的表現）；尋求新奇（novelty-seeking，我們天生喜好尋求驚奇，勝過可預測的乏味事物）。」[6]

此外，我們對持續連線的上癮，已經創造出一種全新的特殊恐懼症：錯失恐懼症（fear of missing out, FOMO）。我們以為我們錯失了什麼重要的事情，其實我們真正錯失的，是在自己的生活中專注於當下。我們經常擔心其他人、地、事，而不是全心全意專注於當下，那些被分散的注意力，全都是你無法再重拾的時間。

哈里斯說，我們的手機就像吃角子老虎機，吃角子老虎機是高度令人上癮的機器，靠的是間歇性的變動獎賞，在你每次拉桿時，提供你輸贏機會，高度刺激你的大腦，期待結果。研究顯示，在美國，吃角子老虎機賺的錢比棒

球、電影和主題遊樂園這三者合計賺的錢還多。

我們每次查看手機或電腦有無新的簡訊、電子郵件或臉書貼文時，就如同拉一次吃角子老虎機，身心湧入多巴胺和其他帶來好感覺的神經傳導物質，就是這些受刺激而分泌的物質，令我們對這些電子裝置上癮。

在2016年進行的一項研究中，研究人員使用一款行動應用程式記錄我們在一天中和手機互動的情形。結果顯示，我們在一天中，平均點擊、輸入、滑動手機高達2,617次！相當於一天花超過四個小時在手機上！

我們必須認知到一件事：每次的點擊或滑動，等同於消逝的時間，我們在這上頭花掉的時間，遠比我們以為的還多。

說到時間，知識就是力量。數十年來，科技業和廣告主想盡辦法影響我們的購買決策，這當然不是什麼新聞，但在以往，我們不會晝夜不分、不時地走進商店，但如今我們時刻都能高速連網，幾乎每天二十四小時都很容易受到廣告主的影響。那麼，我們該如何作出更好的選擇，停止讓手機這類容易吃掉很多時間的東西侵占我們這麼多的時間？

我認為，答案就是正念（mindfulness）──充分覺察，臨在當下。

正念

　　活在當下，只有這當下才是生命。

　　　　　　—— 釋一行禪師（Thích Nhất Hạnh）

　　「正念」這個名詞，現在已經變成一個時髦術語，從你附近的瑜伽教室，到最近的政治演講，都可以聽到。不過，我要在此簡化、解釋一下這個常被誤解的概念，說明如何把它應用在你的日常生活中和時間淨化流程。

　　本書提到正念時，指的是：臨在當下，充分覺察你的思想、你的身體狀態、你的情緒、你的感覺，以及你的周遭，但不作出任何評斷，只有好奇感。

　　本書將以正念的傳統觀點和定義為基礎，從時間效能的角度擴大、延伸 —— 我稱為「專注現時」（timefulness）：充分臨在當下，改善你的時間品質、你的體驗或時間效能。

　　接下來在各章節，我會一再提及「專注現時」的概念，但這個概念並不取代正念，你可以把「專注現時」想成正念的一個專門版本 —— 充分臨在當下，用這段時間產生你想要的結果，留意你如何使用時間。

　　牢記這個定義。接著，我們來探討一下，何以臨在當

下不僅重要,甚至就是一切!因為它豐富了你的每一個體驗,讓你更深入地與生活和他人連結;它讓你重拾主導權,有意識地作出幫助你活絡及發揮你的充分潛能的選擇。專注於當下,使你聚焦於最重要的東西、最重要的時刻,那就是此時此刻。

臨在當下,你可以擴展和支配你的時間,它是做到更多、實現更多、擁有更多的終極祕密武器。臨在當下,是你建立有意義的關係、增進整體快樂、達到人生最終目的、在你最重要的生活領域中獲致更大成就的關鍵之鑰,我將在第二部時間淨化流程中教你怎麼做。

在現今這個超連結的世界,絕大多數的人經常陷入掙扎,通常是憂心未來,或是省思過去,想著情況原本可以如何不同。這些在過去和未來之間來回遊走的思緒,消耗了你的時間,導致你分心。你的時間的最大竊賊之一,就是你未能活在當下。

正念(或專注現時),能夠讓你在分心之後,重返當下。充分專注於當下,能夠改變你的時間品質,增進你的體驗或時間效能。

在工作方面,專注現時幫助多工作業者更加專注,幫助銷售人員完成更多交易,幫助經理人提升效率與成果,幫助領導人更有幹勁、創造力,更能激勵人心。專注現時

讓你有機會駐足，後退一步，獲得檢視自己與周遭的更大視角，讓你更清楚自己如何使用時間。

　　當你訓練自己充分臨在當下時，你將以全新的方式掌控時間，能夠發揮你的才能、直覺、創造力和最高程度的自我。當你愈能夠專注於當下，你的表現與效能就愈好，我一再在我訓練正念、冥想、專注現時的高階主管、執行長、創業家、軍方領導人、職業運動員和名人身上看到這樣的成效。

透過冥想達到正念

　　很多人有一個錯誤的觀念，以為正念和練習冥想是進入某種他們無法擅長的「神奇狀態」的途徑，其實不然，冥想是任何人都能夠做的一種簡單練習。冥想雖然有很多種，目的全都是教你如何把感知和注意力聚焦或重新聚焦於當下。

冥想
下列簡介一種冥想的方法。 　　首先，把上半身打直，放鬆、安靜地坐著，閉上眼睛。注意你的呼吸，把焦點放在你的腹部上，注意橫

膈膜的上升與下降。接著,注意你呼吸時自然地吸氣與吐氣,以及你的腹部隨著每次呼吸時的上升與下降。

一開始,思緒漫遊或感覺浮現都是正常的現象,你只需要輕輕地讓注意力回到你的腹式呼吸上即可。別對那些思想或感覺作出任何評斷,你不是在試圖創造任何特定的結果或狀態,你和那些浮現的思想和感覺共存,認知到它們發生,如此而已。

練習冥想的重點,在於訓練當你發現自己分心時,把注意力再拉回到你的呼吸上。這種練習產生了臨在當下(正念)的狀態,只要多加練習,將會變成一種「習性」(trait)——經常性的生活與存在方式。這將使你對自己的時間有所掌控,因為這麼一來,你將有能力有意識地對你的選擇作出反應,而不再是不假思索地作出慣性反應。

關於正念的有益影響的研究很多,研究證實,正念具有下列益處:

- 減輕與應付緊張
- 減輕焦慮、痛苦或沮喪
- 提升認知功能

- 增進快樂
- 提升表現
- 刺激分泌有益的腦部化學物質
- 體驗較好的情緒調節
- 延緩老化[7]

　　當你開始在生活的所有層面運用正念，你就不再受制於對你無益、習慣性產生的負面想法或情緒。正念使你不再經常回顧你的過去，創造出更多選擇，擴展你的生活的可能性，使你更能夠掌控你的時間。正念開啟空間，讓你看到豐富、機會，以及通往那裡的途徑。

　　這些益處也從我們自身向外延伸，使我們對他人有更大的愛心與同理心。抱持這樣的心態生活，使我們和他人產生更好的連結與關係，改善我們與每一個往來互動者的體驗。

　　當你完全活在當下，你對生活就有直接體驗。例如，現在是夏天，你坐在碼頭上，感覺陽光照在你的臉上；你享受微風吹拂和大海景色，聞到新鮮的海洋氣息，聽到海鷗叫聲 —— 你臨在當下。

　　相較於下列情境：你坐在同一個碼頭上，但心裡一直想著：「我出門前，瓦斯爐關了嗎？」；「為何我家小孩這麼難教？」；「那封email我到底寄出了沒？」；「這次

升遷會輪到我嗎？」這種「敘事狀態」是大多數人每天的生活方式，是我們的預設值。

當我們處於這種敘事狀態時，會不停地思考這個、思考那個，導致我們充分取用感知的能力受限；當我們的認知能力降低，我們處理緊張的能力也會降低。這種敘事狀態劫持了我們的時間，提高我們的焦慮感，降低我們的生產力和快樂感；好消息是，正念可以幫助減輕或消除許多這些問題。

臨在、暫停、前進

為了反制你自然而然的敘事、被動反應、容易分散注意力的狀態，我發展出一套名為「臨在、暫停、前進」（present, pause, proceed）的「專注現時」三步驟方法，靈感來自我的早年導師派特・亞倫博士（Dr. Pat Allen）的教導，她是人類關係與溝通的研究先驅。

你可以嘗試用下列步驟，幫助你調節緊張，處理負面的想法與感覺，作出更好的決策，擁有最理想的表現。

步驟1：臨在

注意你的負面思想型態，以及你的身體出現的感覺；然後，做一次腹式深呼吸。

例子：

你可能注意到你胸悶、頭重重的，或是背痛或胃痛。

步驟 2：暫停

開始區別思緒和你身體的感覺，加以辨別、標示。

例子：

當你覺察到胃痛時，你認知到，導致胃痛這種感覺的背後原因是你「焦慮」的情緒。或是，你腦海浮現的負面思想，是源自你的「憤怒」感覺。在辨識出一種情緒之後，自問：「有什麼是我不想要的？」，或：「有什麼是我想要、但是沒有的？」

步驟 3：前進

再做一次腹式深呼吸，釐清並聚焦於你想要或不想要的思想與行為，接著採取行動，轉入另一種更為有益的心智與情緒狀態。

例子：

出去走走；做做冥想；和朋友聊聊；進行反思，寫下你接下來要做的正面行動。這將讓你有時間重設自己，再度進入效能較高的狀態。

　　使用這套「專注現時」的三步驟方法，你將能夠打破以往的慣性反應模式，重設你的心智與情緒狀態，奪回你的掌控權，擁有最高效能的表現。

　　充分活在當下，有助於優化你的時間使用效能，把時間用於生活或工作中對你來說最重要的事。想要做到這點，首先，你必須了解你目前和時間的關係，以及你可以改變哪些時間觀念，以獲致最大的成果，這是第 2 章要探討的主題。

第 2 章

了解你和時間的關係

你來這裡不是為了存活，而是要取得掌控。
— 美國海軍海豹部隊

　　時間是生命的本質，你將做什麼、獲得什麼、成為什麼，全都跟時間有關。在我看來，我們除了用時間來創造幸福與成功，時間還有一個獨特功用：創造充滿活力的回憶，最終留下令你引以為傲的長久遺贈。

　　但我們在不知不覺中背離了這樣的生活哲學，生活步調開始變得太快，進入自動駕駛模式，成為時間的奴隸，只為了活過一天又一天。

　　你可能跟現今多數人一樣，覺得需要做的事情愈來愈多，但是時間愈來愈少，彷彿永遠沒有足夠的時間去完成每一件事，因為你不斷地被拉往太多方向，又經常被干擾、分心。就這樣，我們陷入瘋狂、多工、混亂的世界，承受每週七天、天天二十四小時得有所作為、達到成效的

巨大壓力。我們已經對這種步調上了癮，害怕哪怕只是慢了一秒鐘，或是稍微休個假，擔心就會未能達成目標，會被他人取代，或者更糟的是，我們的人生就會因此失敗。

　　我們渴望與追求得愈來愈多，卻感到愈來愈不滿足，我們感到更失衡、壓力更大、更疲乏，完全背離我們真正的目的。

　　很多人對持續的活動、科技使用、網路連線上了癮，我們經常循著舊觀念、習慣和行為來運作，沒有重新評估我們的時間和心力應該投入於何處。我們不花時間暫停一下，好好思考：「我現在是以正確的方式，往正確的方向前進嗎？」，或「這是我使用時間與才能的最佳方式嗎？」這一切直接影響了我們與時間的關係、我們的表現，以及我們整個人生的成就。

　　好消息是，有全然不同的方法可以調整你和時間的關係、提升你的時間效能，幫助你做到你想要做的事、擁有你想要的東西，這個方法就是我在第二部將教你的時間淨化流程。

　　不過，我想先問你一些問題：你和時間的關係如何？時間站在你這邊，為你效勞嗎？你有充裕的時間嗎？你是否感覺自己不忙亂，能夠完成每件事，有很多的精力？

　　抑或，正好相反？你感覺時間和你作對，是你的敵

人？你總是感覺趕個不停，壓力很大，生活很緊張，但願每天能有更多的時間？

和成千上萬客戶共事之後，我學到了很重要的一點：現今多數人和時間之間有著非常不合作、敵對的關係，這導因於我們對時間、效能與成功的過時觀念和迷思。

科技改變了我們的生活方式，我們也必須改變使用時間的方式。多數人沒有認知到，他們之所以未能充分發揮潛能，是因為不了解如何在現今的科技導向世界中有效地使用時間。正確使用時間，時間將成為創造你想要的人生的最佳助力。

時間壓力

心理學家亨德利・韋辛格（Hendrie Weisinger）在《高效抗壓行動法》（*Performing Under Pressure*）中，提供了有關時間壓力的洞察。他指出，多數人對緊張（stress）和壓力（pressure）混淆不清，緊張發生於當需求多於資源（時間、心力、金錢）所能應付時；壓力則是跟我們認為涉及的價值有關，更確切地說，當表現的成果和時間有關時。

韋辛格指出，若我們不了解這兩者的差別：「就無法善用寶貴的身心資源，就失去清晰思考的能力，我們的

精力將被誤用，導致我們的作為彷彿每天的活動攸關生死。」[1]

說到時間效能，你必須了解韋辛格闡釋的這種差別，以避免在無意間對你的日常生活增添更多不必要的壓力。時間壓力增加，任誰都不會有好表現，第二部的時間淨化系統將會幫助你改變這點。

時間壓力的影響

試試看這樣做：深吸一口氣（請務必吸氣到底），屏住這口氣，想像工作、競爭、社交（繼續屏住這口氣）、教養、管理、運動（繼續屏住這口氣）、解決問題、做冥想、寫日誌（繼續屏住這口氣），在思考這些時，試著放鬆（繼續屏住這口氣。）感覺如何？（加油！再屏住這口氣一下下就好。）然後，想像你一整天必須像剛才那樣做這些事 ── 工作、和家人相處、通勤等。

好了！現在，你真的可以吐氣了。

每天，若你用這種方式來使用時間，將會創造出相同於剛才你持續屏住氣所形成的壓力。這件事每天都在發生，有時是在你有意識的情況下，但很多時候是在你沒有意識的情況下發生，導致你持續感到疲乏、緊張、焦慮、招架不住，難怪一天結束時，你會感覺精疲力盡。

凱斯西儲大學（Case Western Reserve University）曾經做過一項有趣的實驗研究，想看看認知的時間壓力對完成一件工作的影響。研究人員把實驗參與者分成兩組，給兩組相同的時間量去完成工作，工作內容相同，但一組被告知有充分時間完成工作，另一組被告知沒有充分時間完成工作；實際上，兩組都有足夠時間可以完成工作。結果，被告知沒有充分時間的那組人全都表現較差，研究人員的結論是，認知的時間壓力導致較差的表現。[2]

我們感受到的時間壓力，不僅會影響我們的表現，甚至有研究發現，認知的時間壓力會影響我們的健康。澳洲女性健康（Women's Health Australia）長期調查研究計畫，對1,580位認為有時間壓力的女性進行調查，想了解認知的時間壓力對她們的飲食健康的影響。在這些調查樣本中，有41％的女性表示，時間壓力確實影響她們的食物選擇，導致她們攝取的蔬果量減少，速食攝取量增加。[3]

早在1959年，心臟病學家梅耶爾‧佛里曼（Meyer Friedman）和雷‧羅森曼（Ray Rosenman），就已經提出時間壓力影響健康的研究洞察了。兩人在研究文獻中指出，A型性格者的前三大特徵之一是：「有強烈的時間急迫感，這會提高心血管疾病的罹患率。」[4]時間壓力是現今最嚴重的升高問題之一，嚴重影響我們在工作和生活中

的表現與健康。

　　不過，我要教你一種不同、更好的方式，讓時間為你效力，讓你在生活及工作中擺脫時間壓力的束縛，善用時間淨化流程，你可以充分發揮潛能。

　　時間是你最重要的資源，也是你最重要的關係，時間淨化流程始於認知、了解這項事實。我的研究顯示，超過95％的人和時間有著非常不合作、敵對的關係，總覺得時間老是和自己作對，感覺自己受到時間的迫害。

了解你目前和時間的關係

　　閱讀下列敘述，覺得和你的情況相符者，請打勾：

☐ 一天中，不時地趕忙，甚至感覺失控。

☐ 經常從手邊事務分心。

☐ 一天中或在一天結束時，感覺疲乏。

☐ 擔心能否完成每件事。

☐ 經常對一天的工作與生活感到緊張。

☐ 工作時感覺有時間壓力。

☐ 感覺必須多工，才能夠完成所有事。

☐ 待辦清單從來沒有完成過。

　　或者，你覺得……

□ 能夠掌控自己的一天。

□ 在一整天的正常起伏中都有活力。

□ 能夠專注於手邊的工作。

□ 整天充滿自信，確實完成你必須做的事。

□ 感覺時間充裕，不是只有剛好夠完成每件事。

□ 一天結束時，感覺平靜、滿足。

□ 在事務進行時，能夠聚焦、臨在當下。

□ 很有成就感，因為一天結束時，你完成待辦清單
　　上的所有項目。

　　若你在第一組敘述中勾選的項目多於在第二組敘述中
勾選的項目，代表你目前和時間的關係是敵對、不合作
的；若你在第二組敘述中勾選的項目較多，代表你目前和
時間的關係較和諧，對你有益。這份小測驗很重要，因為
它幫助你覺察你目前和時間的關係，使你能夠作出必要的
改善。

時間充裕的生活 vs. 時間匱乏的生活

　　成功與失敗的最大區別，可以用五個字來表達：
「我沒有時間。」

　　　　　　　　——羅伯特·哈斯汀斯（Robert J. Hastings）

你多常說下列這些話？

- 「若我的行程許可的話……。」
- 「一天24小時根本不夠用。」
- 「能多睡一小時的話，該有多好？」
- 「我的時間從來都不夠用。」
- 「如果趕得上的話……。」
- 「唉，時間都到哪裡去了？」
- 「進度落後太多了，我絕對做不完的。」
- 「我很想再跟你多聊一會兒，但是我真的得走了。」
- 「等我有時間……。」
- 「如果時間允許的話……。」

　　請你自問這個簡單的問題：「時間是誰啊？」多年前，當我自問這個問題時，我了解到「我」就是時間，一直都是。

　　為了改變我們對時間的認知，用不同、但有益的方式運作，我們必須接受一項事實：**我們的時間效能，取決於我們作出的選擇**。我們選擇對什麼說「好」、對什麼說「不」，以及決定要做哪些事，這些選擇決定了我們在何時把時間花用於何處。如果我們相信時間是支配我們的外力，就會持續過著時間匱乏及受害心態的生活而不自知。

　　我和成千上萬的客戶共事過，看到人們提出種種版本

的時間藉口，作為他們不成功、不快樂、沒能達成他們想要的成就的頭號理由。這種普遍的錯誤思維，正是人們掙扎、熄火、陷入困境的原因。

心理學家蓋・亨德里克斯（Gay Hendricks）在《大躍進》（*The Big Leap*）中，說了一個好故事來闡釋他的思想，[5] 我在此改述一下這個故事。想像你在家裡工作，你的8歲小孩進來問你：「可以陪我玩一下接球嗎？」你回答：「我現在沒有時間，我在工作。」接著，想像在完全相同的情境下，你的小孩說：「我割到腳了，可以幫我看一下嗎？」你大概馬上就會站來，把工作擱置在一旁，立刻處理。

比較這兩種情況，你會發現，問題不在於時間，而在於你的選擇或事情的輕重緩急。對於我們視為優先的事，我們總是能夠撥出或找到時間。

所以，關於時間問題，最終歸結於你的選擇，而非時間本身。在第二部開始進行時間淨化流程時，請你務必了解這個區別，擺脫「時間是支配我們的外力」這個錯誤觀念。你是時間的主人，你對你的時間負100％的責任，我將教你如何更善用時間，這是我的承諾，我很榮幸能做這件事。

我們來看看，你在哪些事情上常拿沒時間當作藉口。

請列出一張清單，這是你對自己完全誠實的機會。你總是認為你沒能做你想做或該做的事，或是沒能擁有你想要的，都是因為你沒有時間，這是錯誤的想法，現在是你改變這種想法的機會。

1. _____

2. _____

3. _____

4. _____

5. _____

　　該停止拿沒時間當作你無法做某件事，或是還沒做某件事的藉口了！請改變你的用詞，以反映事實 ── 是「你」選擇如何使用時間的：「我選擇……。」你本身就是時間，一旦你認清並接受這一點，你將能夠100％主導自己要做什麼事，主導你的人生。

　　我的個人箴言是：

　　我對我的時間負100％的責任。我擁有它，我掌控它，我是時間的主人！

時間效能 vs. 時間管理

關於時間管理，我只有一句話：「忘了它！」
　　　　　── 提摩西・費里斯（Timothy Ferriss）

　　我們全都聽過很多關於時間管理的原則，多數的時間管理理念和技巧發展於科技精進之前，人們還在使用有線市話的年代。

　　時間管理是舊時代的東西，本於一種狹隘的心態：時間量是固定的，我們全都必須在固定量的時間內運作。我們的定量時間是：一天有 24 小時，一小時有 60 分鐘，一分鐘有 60 秒，一週有 168 小時，這就是我們擁有的時間，必須作出最大利用。科技日新月異，你也必須升級成嶄新的時間使用方式。

　　這種思維無法產生平和的心智狀態，也不會幫助我們達到最高水準的表現。再者，我們多數人無法一直保持有條理到足以管理每一天的每一個小時，在真實生活中，我們難以做到這樣。

　　時間管理提供的工具、技巧和方法，聚焦於你能夠在時間內完成的事務。傳統的時間管理，把時間視為分分秒秒不停流逝的稀有資源，將焦點擺在於一定量時間內完成

事務。在這種心態下，時間是我們無法左右的外力，只能謀求妥善管理。

如本書前言所述，你的目標並不是去管理你的任何關係，而是應該去連結、配合這些關係。你和時間的關係也是一樣，別去管理時間，你應該用有益、能夠支持你的目標和你在生活中想要做到或獲得的東西的方式來運用你的時間。

現在，讓我們用不同的方式來看待時間：你掌控、指揮和運用時間，你和時間之間是正面、有益的關係，時間是你的盟友，它是一位值得信賴的朋友，想要幫助你獲得你想要的，能夠提供對你而言最好的，總是不斷地把你推向對你而言最重要的人事物去。

這是時間效能和時間淨化系統的背後心態，在這種心態和運作方式下，時間變成了一種支持關係，使你把焦點、精力和注意力，擺在你的事業和生活中最重要的事上。這麼一來，你是駕馭時間的主人，你不是過著被時間迫害的生活。

這兩種心態以及支持它們的系統的差別是，它們會建立出你與時間完全不同的關係，而你與時間擁有什麼樣的關係，影響著你的生活。現在該是學習一種更明智、更有效率、更有生產力的方式來使用時間了。取回原本就屬於

你的時間，好好運用，改變你的人生。

　　為了充分了解這兩種作業系統哪裡明顯不同，我們來檢視它們背後的心態：

時間管理	時間效能
目標是完成事務	目標是在完成事務的同時，也提升效能
時間是定量且稀有的	時間是可擴展且充裕的
心態：時間左右與支配你	心態：你是時間的主人
時間是你管理的對象	時間是你的盟友
聚焦於時間本身	聚焦於你和時間的關係
每一個小時都一樣	你可以改變一小時的品質、體驗和效能
任務導向，著重優先順序	以人生目的、樂趣和滿足感為導向

　　了解這兩種心態的差別，從時間管理的心態，改變為時間效能的心態，將增進你的時間品質、體驗和效能。在新的心態下，你對時間的想法、你和時間的互動，以及你的時間運用，將為你的每一個小時創造新的可能性。

　　身為一名效能教練，我輔導有志於縮小效能落差（performance gap）的人，什麼是「效能落差」呢？這其

實是非常簡單的概念：效能落差是你目前的效能水準和你想要達到的效能水準之間的差距，加速縮小這兩者之間的落差，是時間淨化流程的主要益處。我希望你有志於縮小這個落差，正在積極尋找新的方法，我想，這也是你閱讀這本書的目的。

根據我的經驗，成功人士是那些最想變得更成功的人，他們開放心胸，想像能夠如何繼續改善、進步，他們熱中於尋找能夠發揮他們的最佳技能與才幹的新途徑。但縱使是卓有成就的優異表現者，也常忽略時間關係是影響效能的一項重要因素，身為效能教練的我，就是要幫助他們改變這點。

從時間管理心態改變為時間效能心態之後，你將會體驗到種種益處，包括：

- 更放鬆
- 壓力減輕
- 創造力提升
- 認知功能改進
- 更有活力
- 進入心流，完全投入
- 有時間做更多事
- 生產力提高（以更少時間完成更多事）

- 整體表現更佳

相較於試圖管理時間所感受到的壓力，這些是遠遠更美好的感受。

從時間管理心態轉變為時間效能心態

下列是當你聚焦於時間管理時典型的一天：

1. 平日在展開一天之前，思考該如何把所有事情都做完的心理壓力便已浮現。

2. 根據經驗，你知道從你家到辦公室得花20分鐘。

3. 你「管理」你的時間，留給自己剛剛好20分鐘的通勤時間，在「預備」離家前的那段時間，盡量擠滿其他事務。

4. 糟了！時間超過了（幾乎總是這樣），你匆忙坐進車裡，你的時間壓力繼續升高。

5. 進入車裡時，你已經有點緊張了；然後，遇到塞車，你更焦慮了，心想這下子鐵定要遲到了。

6. 等你急忙把車停好之後，仍然一心想著你要遲到了。你開始對自己說：「明天得做不同的日程安排，免得遲到。」

7. 趕在今天的第一場會議之前，你進了辦公室，但此時，坐在辦公桌前，你的狀態不佳，你的身心處於

緊張狀態，全都是因為你感受到的時間壓力。

接著，來看看當你聚焦於時間效能時典型的一天：

1. 平日在展開一天之前，你知道你掌控你的時間，因此你鎮定、專注、精神奕奕地準備投入你的工作。

2. 展開一天之前，你知道不論發生什麼事，你都可以作出調整。你的意識和心態聚焦於你想投入的事、你想達成的事，以及你在特定時間的承諾。

3. 你想像今天的流程，特別注意你今天何時必須從一地前往另一地，你將如何在沒有時間壓力下前往該地。

4. 你確保自己有充分資源可抵達辦公室和完成今天安排的會議行程：你的車子已經加滿油，你已經規劃好路線，也準備好路途中可能享用的東西，例如水、零食、你喜歡的音樂等。

5. 上班途中，你遇上塞車，但仍然保持鎮定，因為你知道什麼時候到得了辦公室，就什麼時候到吧！急也沒用，給自己時間壓力，只會讓自己更緊張。

6. 最後，你抵達辦公室時，仍有多餘時間，而且你也不緊張，準備好投入工作。

如何改變你對時間的感受？

現在，你已經了解時間管理和時間效能的差別，接著我們來看看愛因斯坦的相對論教我們什麼。愛因斯坦說，為了改變時間，你必須以不同方式占據空間，舉個例子來解釋一下：「把你的手放在熱爐上一分鐘，感覺像度過一小時般漫長；和你心愛的人一起坐上一小時，感覺像只過了一分鐘。」

把你的手放在熱爐上一分鐘，你將聚焦於別再繼續占據這空間（熱爐），熱爐帶給你的痛感，使你一心只想退出你現在占據的空間。這種想退出空間的意念，導致時間變得漫長，甚至好像停止了；你愈是想退出，時間就愈顯得漫長。

若你曾經做過你不喜歡的工作，大概也有過類似這樣度日如年的感覺。你只希望一天趕快過去，但這一天就像沒盡頭似的。那工作帶給你的不適與痛苦感，你的身體雖然還在那裡，但是你的心早已不在那裡 —— 你沒有臨在當下。

當你和心愛的人在一起時，時光飛逝，因為你以不同方式投入和占據空間。你聚焦於靠向並投入你們共處的空間，你的身心充分臨在你占據的這個空間，你和時間合而

為一，於是一小時就像一分鐘。

　　想想當你和他人深度交談時，或是唱歌、從事你喜歡的運動，或是體驗到美妙之事時，你也有這種時光飛逝的感覺。當你投入、完全臨在當下時，時間過得特別快，在這些時刻，你和時間合而為一。

　　完全臨在當下，你改變了你和時間的關係的品質，改變了你對時間的體驗，改變了你的時間效能。你過的是專注於現時的生活。

蘇菲亞的故事：生活，可以有所選擇

　　蘇菲亞是一家大型全國性銀行的高階主管，我開始為她提供教練輔導之初，她經常承受時間壓力，逼促自己做到超人水準的表現，每天或每週做更多事、完成更多。例如，她經常在中午前把衣服送去乾洗店，帶她的狗兒去看獸醫，回覆十幾通電話，在和客戶的會談中完成交易。

　　請別誤會我的意思，蘇菲亞每天的生產力很高，但是她從未把步調放慢到能夠好好思考什麼才是真正重要的事。她經常跟時間賽跑，抱持時間稀有的心態，認為時間永遠都不夠用。因為總是試圖完成自己要求當天要完成的事，蘇菲亞的緊張程度已經爆表，咖啡變成她的能量飲料，她依賴愈來愈多的咖啡因，以跟上自己永不減

緩的步伐。

　　持續的時間壓力，開始影響蘇菲亞的身心，她的體重開始增加，也睡不好。在使用時間淨化系統之前，她從未停下腳步，思考是否有更好的方法，完成她正在做的事。她頑強硬撐，堅定向前衝，但因此付出了代價。

　　跟許多人一樣，蘇菲亞多年來已經習慣相信時間不是她能夠掌控的東西，她總是試圖去管理時間。接受時間淨化流程的輔導之後，她才認知到，原來她和時間一直維持著敵對關係，天天對抗時間，以完成所有事。當她發現，這場持續、無止境的戰役，其實是她作出的一個選擇時，她笑到歇斯底里。由於相信時間是她的敵人，這種錯誤的觀念把她逼到了瘋狂狀態，對她造成了傷害。當她得知自己是時間的主人，可以支配時間，她的時間壓力便瞬間釋放，情況開始有了轉變。她可以提高時間效能，而非試圖去管理時間。

　　經過時間淨化流程，蘇菲亞體認到健康對她而言最重要，接下來她重新對焦，力求平衡生活，放下她以往要求自己的「忙碌工作」。她開始把不需要她的參與或專長的活動委任給她的助理，例如把衣服送去乾洗店、帶狗兒去看獸醫等。

　　這些調整讓蘇菲亞每週騰出15個小時，這完全改變

了她的生活，她開始固定運動，吃得更健康，停止喝過多的能量飲料。

開始採用時間效能心態 ── 專注現時之後，蘇菲亞的緊張快速消退，這令她相當驚奇。現在，她把精力和時間聚焦於對她而言最重要的事物，不再像從前那樣經常分心。時間不再是她的邪惡敵人，她現在掌控自己的時間。

最重要的是，她現在天天過得沒有時間壓力，高度聚焦於事業成長，改善健康與整體福祉。現在，蘇菲亞享受更均衡、不緊張、更有益的生活。

一旦你轉變為時間效能心態 ── 知道你是時間的主人，你創造時間，你掌控時間，時間充裕，你就可以和時間建立正面、有益的關係，你就能過著不緊張、沒有時間壓力的生活。在你的生活的任何領域，以這種新方式生活，將改變你的時間品質、你的體驗與成就。

第 3 章
你的人生在追求什麼？

人生中最重要的兩天，一是你出生那天，

二是你覺悟為何而生的那天。

—— 馬克·吐溫（Mark Twain）

你的「爲什麼」

「為什麼」愈清楚，「如何」就愈容易。

—— 吉姆·隆恩（Jim Rohn）

　　來找我的客戶，大抵都是陷入困頓、停滯或難以過上他們想要的生活，或是希望能夠有所進步，在事業及個人生活中獲得比現況更持久、具一致性的成果。一開始，我對他們的提問之一是：「你在追求什麼？」這可能是指他們的人生目的，或是特定的事業目標或某個生活目標，大多數的人都知道他們在追求什麼，例如：「建立我的事業」，「和我的另一半關係更好」，或是「身體健康，擁

有好身材。」

　　接著，我再提出一道簡單疑問：「你為何在追求這個？」通常，客戶會給出一個概略的答案，他們的回答和他們的核心動機與目的沒有深切的情感連結──太久以前預先編程的理由，久到如今已經沒有激勵作用。平淡無奇的答案和他們的核心動機之間有著很大的落差，這種落差是許多人陷入困頓、停滯或欠缺一致性與幹勁的首要原因。

　　這個主題的知名思想家賽門・西奈克（Simon Sinek）在《先問，為什麼？》（*Start with Why*）中告訴我們：「人人都知道他們在做什麼，有些人知道自己是怎麼做到的。但是，在組織裡、世界上，以及在個人生活中，只有極少數的人知道他們為什麼要做這些事。」[1]西奈克對「為什麼」的定義是：「目的或原因；行動的唯一動機。」為了連結至你的大腦裡激發行動的深層動機中心，關鍵之鑰是知道你的「為什麼」，你的為什麼使你和你的目的連結，然後你的為什麼變成了你的確認目的。

你的「為什麼」為何這麼重要？

　　因為：

1. **你的為什麼為你所做的事提供意義。**外表上，你可能顯得成功，但內在，若這成功並不一致於你的為什麼，你的人生就不會真的感到滿足。

2. **你的為什麼指引你。**你的為什麼不僅為你提供意義，也為你指引朝向何處的明確方向，幫助你作出大大小小的決定，知道如何採取下一步。

3. **你的為什麼激勵你。**生活將歷經困難，你可能遭遇挫折、拒絕、失敗，在這些境況下，你的為什麼可以激勵你堅持下去，變成你的GPS，引導你做的每一件事。

4. **你的為什麼使你的時間運用得當。**和你的為什麼連結，可以確保你瞄準真正的目的，使用你的天賦與才能，為你自己和集體作出有用的貢獻。你的為什麼以有目的、有意義的方式指引你對你的時間作出最佳利用，使你做的每一件事有意義，而且切要。

和你的爲什麼連結

　　首先，請你自問：「我在追求什麼？」接著問：「為什麼這對我很重要？」你必須追根究柢，一直追問這個問題，直到得出你的目的的核心動機。答案可能很快就出現，但你必須繼續問下去，直到你直覺你已經刨到根，找到你的核心動機。過程中，經常會再度出現前面說過的答

案，這是非常正常的。持續問下去，你將會突破你的潛意
識障礙，挖掘出最根本的為什麼。

辨識你的為什麼

　　我有一套追根究柢的流程，你可以運用這套流程來挖
掘你的目的。這套流程涉及回答下列這些問題，我提供我
的答案，幫助你了解怎麼做。

- 「**我在追求什麼？**」
  我的答案是：「成為最優秀的研究者、演講人和教
  練。」

- 「**為什麼這對我很重要？**」
  我的答案是：「因為這麼一來，我就能夠幫助人們
  改善生活，這將帶給我滿足感。」

- 「**為什麼這件事這麼重要？**」
  我的答案是：「因為這麼一來，他們就會覺得有人
  站在他們身旁，支持他們。」

- 「**為什麼這件事這麼重要？**」
  我的答案是：「因為這麼一來，他們就會相信他們
  能夠獲得他們想要的生活。」

•「為什麼這件事這麼重要？」

> 我的答案是：「因為這可以幫助人們發掘和實現他們真正的目的。」

最後一個答案，就是我的真正動機。

你的任何一個生活領域的目標，這套挖掘「為什麼」的流程都適用。針對你的每一個目標或你想達成的每一件事，你必須知道你的為什麼，才能夠把你的努力校準於你的動機，以達成你的目標。下文講述一個例子。

我有一個客戶奧黛莉，年近五十，是公司主管，健康問題影響了她的工作表現，她認為自己應該減重10公斤，她知道自己的身體狀況不佳。

奧黛莉進來我的辦公室後說：「我在減重方面遇到了一些障礙。」

「妳的目標是什麼？」我問。

「減重10公斤。」

「為什麼這件事對妳很重要？」

「呃……因為這樣我的感覺會比較好一點，」她回答。

「為什麼這件事對妳很重要？」

「你知道，因為我會覺得自己比較健康。」

「為什麼這件事對妳很重要？」

「我必須更有活力，才能跟得上我的孩子。」

「為什麼這件事對妳很重要？」

「因為我的母親在我20歲時就去世了，我希望我的孩子成年後，我還能夠陪伴他們很長的時間。」

我看到她眼裡反映出的轉變，奧黛莉的目的並非只是減重10公斤，讓自己更有活力、感覺更好，她的減重目標的「為什麼」，其實是想要更豐富、更長久地參與孩子的人生。過去，她嘗試減重、但失敗，在認知到這個真正的目的之後，她變得更有鬥志，終於減掉了10公斤。

若我只是讓奧黛莉停留在相信她的目的就只是減重，她會失敗，因為她沒有連結到她大腦裡激發行動的深層動機中心。

所以，當你進行時間淨化流程時，你會了解為何必須把你的為什麼和你的價值觀及目標連結起來，因為這能夠幫助促進你的表現，把時間投資於對你而言最重要的事情上。

影響我最深的人

我花了近十五年的時間，才領悟到我的拳擊教練湯姆・德萊尼對我的影響。我從芝加哥遷居洛杉磯已經快十五年了，我是專門幫助個人和企業提升效能的專業教

練，我開始從事這項工作時，效能教練還是一門新興領域，走在前沿行列，是件滿令人興奮的事。我的事業持續擴展，我有幸和許多高階主管、執行長、創業家、軍方領導人、職業運動員和名人共事。

有一天，一位客戶向我提出了一個完全出乎我意料的疑問，這個疑問使我產生了一個深切的領悟。一個領悟可能使人興奮、豁然開朗、激動、難過，我的這個領悟帶給我前述這些，以及更多的感受。這位客戶問我，是誰激發我成為一名教練，影響了我的風格？我想了一下，滿困窘的是，我當時沒有一個好答案。

我訓練過一些優秀專家，閱讀過數百本書，指導客戶的時數已經超過一萬小時，也向上百名不同專長領域、不同類型的教練學習，但是對於這位客戶提出的這個問題，我仍然沒有一個確實的答案。這個問題在我腦海裡盤旋，我開始回顧，馬上就辨識出一些我覺得有正確意圖、但不是很有成效的教練；事實上，其中幾位教練很糟糕，但是，我們也會從糟糕的經驗中學到一些東西，所以在某種程度上，他們也對我有所貢獻 —— 他們讓我學到不該做什麼。

我繼續思考，誰真正影響了我的思維，誰幫助我找到當教練這條特別的專業之路？然後，我憶起了混合歐仕派

古龍水和汗味的場景……湯姆的身影浮現腦海，我笑了出來。當時，我和湯姆已經多年未見，但一想起他，記憶的閘門開啟，彷彿一切發生於昨日。

湯姆非常了解我，懂得如何有效激勵我鞭策自己發揮最大潛能，他……

- **是優異的傾聽者**。他冷靜且專注，能夠看出別人無法看出的東西。
- **堅定**。他不會過度苛求，但堅定於他的訓練指導及信念，在必要時能夠彈性變通，總是聚焦於如何做到，從不聚焦於為何無法做到。
- **熱情**。事實上，他熱情到令人難以置信，他的心胸極其寬大，充滿愛心，總是率先付出（他的健身手提袋裡有很多手綁帶和其他用品，若有人需要，他會免費提供），而且為人謙遜。
- **有條理**。他懂得如何以最有效率的方式使用時間，以獲得最佳表現。若他認為別人能夠在某個層面上指導得比他好，或是我需要一些新穎的指導，他總是主動請求對方提供協助。
- **仁慈**。他的所有行為一貫展現了仁慈精神。

最重要的是，湯姆總是陪伴及支持我，不論在場上或場外，不論我贏了或輸了。喔，還有，他喜愛歐仕派古龍

水！光是這點，就令人難忘。

這太明顯了，為何我沒能把我的發展及成就和湯姆連結起來呢？我忘了湯姆，或許是因為我對於自己沒能成為職業運動員，並且遠離了那樣的生活而感到羞愧吧！不論原因為何，我一直未能有意識地覺察到他對我的人生的影響，現在是什麼原因已經不重要了。

重要的是，我已經了解，是他的智慧及影響，使我成為現在的我，指導及幫助他人發揮潛能。當我得出這項體悟，想到我從來沒有告訴他事實，心裡難過極了。那一刻，我決定我必須回去芝加哥，告訴他這件事。我訂好機票，打電話給他。多年來，我們通過幾次電話，只是聊聊天而已，每次打電話給他，他總是很開心。這次打電話給他，我告訴他，不久後我將回去芝加哥，想去看看他。

一個月後，我把車停在他家門前，他家離芝加哥歐海爾機場（O'Hare Airport）只有幾分鐘車程。我還記得我為這次的會面交談做準備時，既興奮、又害怕，我以前從未讓任何人知道，我多麼感謝當我需要幫助時，他們幫助了我。下了車，我走向湯姆家前門時，感到非常羞怯、脆弱，這似乎比我首次在數千名觀眾面前及電視轉播下走上芝加哥業餘拳擊金手套重量級決賽賽場還要困難，那場比賽，我的對手是未來的職業重量級世界冠軍奧利佛・麥考

爾（Oliver McCall）。

　　一走進湯姆家，他的吉娃娃們馬上吠了起來，到處亂竄。湯姆喊道：「大塊頭史蒂芬！」，他的太太瓊恩上前歡迎我。那種感覺彷彿我們昨天才見了面⋯⋯我感覺回到了家。

　　我們在後院陽臺上坐了下來，那是又熱又濕的夏天，可以聽到飛機起飛和降落的聲音。我們喝了幾瓶汽水，湯姆以前愛喝酒，但後來醫生說不能再喝了，他從此戒酒，改喝汽水。

　　我們在後院待了幾個小時，東聊西聊，回憶拳擊和舊事。湯姆對我的教練事業很感興趣，他稱讚我現在的發展，感謝我的來訪。接近造訪末了，我知道該是時候向他吐露我的感想了 —— 他對我的深切正面影響，畢竟，就是這個覺悟引發了我這次的造訪，不告訴他這些，我絕對沒法離開。

　　於是，在最後幾分鐘，我說：「嘿，湯姆，我想讓你知道，我有多麼感激打從我們在健身房結識的第一天起，你對我的仁慈、友誼和指導，這對我的人生產生很大的影響，我很抱歉沒有早點告訴你這些。」說完這番話，突然陷入了一陣沉默。

　　我可以看出湯姆因為我這番話愣住了，我可以感覺到

當時我們倆都覺得有點不自在。過了一會兒 —— 雖然感覺像是無盡的漫長，湯姆試圖擺脫對他的關注，他說那是他的榮幸，他對我現在的發展和工作非常引以為傲。接著，他又解釋，他所做的那些，不足為道，我當時已經走在正確的道路上，他只是給了我一點點幫助而已。

這絕非事實，他當年給我的種種幫助，全部都是我需要的。

此後，我年年都回去芝加哥造訪湯姆，一年比一年更容易表達我的感激，湯姆也一年比一年更自在於接受我的感激。我可以看出，愈來愈老的他，很喜歡我們的造訪。我起初的不自在及脆弱感，已經被深切的連結感及愛取代，我可以看出，這對他和我的影響更深了。雖然，我很喜歡及珍惜造訪湯姆的時光，但我同時也是回去對他以及他透過我創造的遺贈表達敬意。

啟示
我從我和湯姆的相處中，學到下列啟示： • 對重要的關係投入時間和心力。 • 你的「為什麼」是你存在的意義關鍵。 • 當你採取行動時，時間總是站在你這邊。

- 別害怕脆弱。
- 你的「為什麼」能夠激發勇於改變生活的行動。
- 讓他人知道他們對你的意義，向他們表達敬意，永遠不嫌遲。

你應該把時間用於你的價值觀所在

你是否曾經納悶，為何你沒能在工作或生活中達到你想要的境界，為何你沒能做到你覺得應該做到的進展，為何你沒有達到如你想望的快樂程度？你將在下文中發現，是不是偏離了你的價值觀，阻礙了你的成功。

了解一下你重視哪些價值觀，可以為你提供方向，幫助你重新省視自己如何花用時間、金錢或精力。你的價值觀是你的信仰所在，幫助你判斷你的行動是否和你的為什麼／目的一致，也幫助你判斷你的行動是否可以反映出對你而言重要的東西。

不了解你的價值觀以及什麼對你而言最重要，你很容易就會變成只是被動反應，根據你每天的情緒作出決策。這是人們作出不當決策、表現不佳、浪費時間、迷失的主要原因之一，他們受到情緒和舊習慣左右，而非根據他們現在的價值觀作出理性選擇。

想辨識你在任何生活領域的價值觀，你可以思考一個簡單問題：「在我的人生中，什麼對我而言是重要的？」健康、快樂、金錢、安全感、樂趣、優質的人際關係、愛、創造力、成就等，這些全都有可能是你的價值觀。

下列是一張常見的價值觀清單，我讓我的客戶和研習營的學員使用，你也可以用來思考一下你重視哪些價值觀，標出你重視的項目。不過，價值觀非常多，別僅限於這份表單所列。

我重視的價值觀		
家庭	事業	健康
職業	靈修	創造力
樂趣	正念	施予
誠正	獨立	宗教／上帝
成長	愛	遺贈
金錢	快樂／幸福	富足
安全感	貢獻	意義
沉著	獨特性	和平
助人	領導力	堅毅
仁慈	被賞識	自由

　　為了幫助你熟悉辨識價值觀的流程，下文分享一個好例子，我想，這個例子可以幫助你了解辨識價值觀的重要性。

馬克的兩難

　　馬克・麥唐納（Mark MacDonald）的職涯早期是我的客戶，他是營養學家，也是威尼斯營養健美中心（Venice Nutrition）的業主，該中心就位於被譽為「健身聖地」的加州威尼斯金牌健身俱樂部（Gold's Gym）裡。

　　馬克是我認識的人當中，最勤奮且最有愛心的其中一個。我們初識時，他的事業已經相當成功，客戶有頂尖職業運動員、模特兒、名人、高階主管，以及其他想要有最佳表現、健美身材、想要塑身、變得健康的人士。他想要把他的課程推廣到全世界，消除肥胖。當時，他正在發展線上營養塑身系統、營養師培訓與認證、書籍出版，在此同時，他仍然繼續熱中致力於幫助人們過得更健康。

　　初次見面時，馬克告訴我：「我每天早上四點起床，開車一個半小時去工作。我健身，經營我的事業，見我的客戶。然後，我努力找時間拓展我的事業，想把我的營養塑身法推上全球平台。可是，我很難找到足夠時間，因為我必須早點離開辦公室以避開塞車，這樣我才能和我的太

太共度有品質的時光。」馬克掙扎於兼顧他的個人生活、事業和使命，你是否覺得這聽起來滿熟悉的呢？

進一步傾聽他敘述之後，我建議我們先檢視他的價值觀，做價值觀校準流程。我向馬克解釋，檢視他的價值觀，將可幫助他梳理目前什麼對他而言最重要，以及如何在他的生活中把時間運用得更好。我告訴他，當個人在生活中未能獲得他們想要的結果，或是獲得結果的速度不如他們期望時，通常是因為受到價值觀衝突的影響。這種衝突可能導致不一致的問題 —— 他們投入於各事項的時間和精力，與他們的價值觀優先順序並不一致。

首先，我請馬克在他辦公室的白板上，依序列出對他和他的人生而言最重要的東西。他在白板上寫下：

1. 家庭／太太
2. 事業
3. 健康
4. 誠正
5. 旅行

他寫完後，我逐項釐清每個項目對他的含義。在此，先強調一下，首次做這個流程時，可能不容易，因為多數人並沒有依照真正的優先順序列出自己重視的價值觀。

釐清每一項的含義後，我說：「所以，你太太艾碧，是你的第一優先。」

「是的，」馬克回答：「我太太是我的第一優先，艾碧是我的一切。」

接著，我提出下列這個檢驗：「若因為你沒有對你的事業投入足夠時間，導致它逐漸衰退或沒有成長，只要你和你太太仍然維持良好的關係，這樣也OK嗎？」

馬克毫不猶豫地說：「不，那會很糟糕。我無法實現我的人生目的，也無法履行我的財務義務。」

我告訴他：「你有價值衝突的問題。我知道你的太太很重要，但是，若你把你太太擺在優先於你的事業，你將會非常不快樂，她也不會感到開心。」

我請馬克調整白板上的項目順序，把事業排在第一位。然後，他後退一步，在我繼續往下說之前，他說：「我已經知道什麼該擺在第一位了，誠正。沒有這個，其餘都免談了！」他動手在白板上把這個項目調到第一位。

我問他：「若你和太太的關係良好，但不照顧你的健康，這樣也OK嗎？」

馬克再次毫不猶豫地說：「不行，我必須保持健康才行，這樣才能給她最好的我。」他再度調整項目順序。

調整後，馬克的新排序如下：

1. 誠正
2. 健康
3. 事業
4. 家庭／太太
5. 旅行

我們再次檢視這份清單，看看新的排序是否正確反映他的價值觀優先順序。馬克看著白板，臉色突然從興奮轉為憂慮，我問他怎麼了？他說：「我沒辦法回家告訴我太太，她在我的價值觀清單上排第四位，她會跟我離婚！」

我說：「馬克，重點是，你一直在一個盲點之下運作。你的價值觀排序是基於以往的處境，這阻礙了你進步到你想要的下一個境界，因為不正確的價值觀排序，導致你所作出的有關把時間、焦點和精力投注於何處的決策，一直沒能支持你往自己的願景邁進。現在，你已經確實了解對你而言重要的人事物，你應該可以看出，你如何花用你的時間，以及把時間花用於何處，左右了你能否成功實踐你的價值觀。這是你陷入困難、掙扎的原因。」

「馬克，當你的誠正、健康和事業都照顧到了，你太太就會覺得她被排在第一位；否則，你將繼續掙扎，她不會覺得她被排在第一位。」

　　那晚，馬克回家後，和艾碧分享他的這個發現，艾碧完全理解。事實上，她100％支持，她能夠看出，藉由實踐他的價值觀、調整他的時間運用，馬克可以過得更輕鬆一點，更妥善運用他的精力、熱情和專注力，投資於他們的關係，以及對他們兩人都重要的事項。

　　從那時起，機會取代了困難與掙扎，馬克根據他的價值觀排序來安排他的時間運用優先順序，調整他的行程，他的事業發展比以往更快，他現在有時間照顧到所有對他而言重要的東西。

　　現在，他們家多了兩個漂亮小孩，馬克和太太與孩子的關係更加親密，他的事業已經拓展至擁有數千名合格的營養師，有自己的營養產品線，經常上CNN的節目，在頭條新聞電視頻道（HLN）上有一個健康專欄，還是《紐約時報》暢銷書作家！重新校準、排序他的價值觀，使馬克得以把時間和精力聚焦於正確事項，實踐了他夢想中的生活。

辨識你的價值觀

　　請循著下列步驟，辨識你的價值觀：

　　1. 思考這個問題：「在我的生活中，對我而言最重要的是什麼？」使用下列這張清單，圈出對你而言最

重要的十項。你可以加入表單上沒有的項目，最重
要的是，圈出「你」重視的項目，不是你或某人認
為你應該重視的項目。

我重視的價值觀		
家庭	事業	健康
職業	靈修	創造力
樂趣	正念	施予
誠正	獨立	宗教／上帝
成長	愛	遺贈
金錢	快樂／幸福	富足
安全感	貢獻	意義
沉著	獨特性	和平
助人	領導力	堅毅
仁慈	被賞識	自由

2. 認真檢視你選出的這十項價值觀，思考其中哪些對
   你最重要，辨識出前五項。

思考：「在我的生活中，對我而言最重要的是什麼？」

1. _____

2. _____

3. _____

4. _____

5. _____

3. 你已經辨識出你的前五項價值觀，現在，思考它們應該是怎樣的優先順序？我的價值觀清單排序如下：

1）健康

2）事業

3）樂趣

4）朋友／家庭

5）助人

為了確定它們是正確的排序，請思考這個問題：「若我實踐了第一位的價值觀，但沒有實踐第二位的價值觀，這樣OK嗎？」若答案為「是」，那麼這個排序是正確

的。若答案為「否」，你應該把這兩項的順序對調。持續用這個檢驗疑問來思考這五項價值觀，直到你的排序清楚、明確。

思考：「在我的生活中，對我而言最重要的是什麼？」
（排序你的價值觀）

1. _____

2. _____

3. _____

4. _____

5. _____

你可能需要花好些時間思考你的答案，但這麼做將讓你獲得非常寶貴的資訊。把思考問題應用於每一項價值觀時，寫下你對每一項比較的感覺，留意哪些選擇對你尤其困難。你可能會反反覆覆調整你的答案幾次，這很正常，這是這個流程的一部分。

最後得出的結果可能令你吃驚，或許一些你以為對你來說很重要的價值觀，排序其實並不如你原先所想的那麼

前面。沒關係！這不過是代表，一些東西（例如友誼）雖
然很重要，但其他東西（例如家庭）優先於它們。

　　這個流程幫助你了解，在你的任何生活領域，例如事
業／工作、人際關係、健康與體適能等，什麼對你而言最
重要，以及你目前的處境和你想要達到的境界。在整個時
間淨化流程中，我們將使用這些作為指引。

檢查你的價值觀是否和你的為什麼一致

　　你已經建立並排序了你的前五項價值觀，接下來，我
們來快速檢查一下，看看你的價值觀是否與你的為什麼
一致。

　　檢視你的價值觀清單，思考下列問題：

1.「我的價值觀是否符合我必須成為的那種人，以獲
　　得我想要的成果？」

2.「我是否需要在清單上增添其他價值觀，以達到這
　　一致性；或者，我是否需要去除清單上的任何價
　　值觀，以免妨礙我成為我必須成為的那種人，以
　　獲得我最想要的成果？」

3.「我是否覺得這五項價值觀和我的為什麼一致？」

用這些問題進行檢驗，作出必要調整。

把你的價值觀校準於你的為什麼，這非常重要，因為

若你的價值觀和你的為什麼不一致，你作出的決策將會創造出矛盾與路障，延緩你的進展，阻礙你充分發揮潛能。

還有一點：縱使你已經建立並排序你的價值觀清單，最好每一季重新檢視，看看是否有任何價值觀必須調校於你目前的優先要務。價值觀可以隨著時間演進而作出調整。

接下來，我們把截至目前所做的，轉化成具體目標。

目標與意圖

> 目標讓我保持前進。
>
> ──穆罕默德·阿里（Muhammad Ali）

現在，我們使用你在前述段落確立的為什麼及你的價值觀，指引你規劃你的目標和意圖。

目標

目標是你想要達成的成果，**在時間上，目標是未來導向**。目標樹立標靶，讓你知道你想要獲得什麼。很多人可能會覺得目標遙遠，甚至覺得不可能在一定時間內達成，這時就需要意圖，用意圖來把我們的意志和注意力連結至目標，使我們保持在持續前進的道路上。

意圖

　　意圖是一種意向，**在時間上，意圖是現在導向**。意圖使你把你現在的時間，聚焦於你此刻想要如何，它們把你的行動、精力和焦點導向對你最重要的事物上。你可以很容易地天天建立、更新你的意圖，使你繼續朝著你的目標前進。意圖使你天天全心全意投入於當下，它們提高你的情緒能量，進而提高你的體能，使你達成更多。校準的意圖使你一貫循著你的價值觀與目的採取行動，朝著目標邁進。

　　紐約大學心理學家彼得・高維哲（Peter Gollwitzer）及薇若妮卡・布蘭史塔特（Veronika Brandstatter）的研究發現了意圖的力量。他們在研究中發現，若人們建立意圖——縱使是模糊的意圖，可以使他們的成功可能性提高20％；若意圖有明確細節的話，成功可能性可以提高為兩倍，甚至三倍！[2]這項發現與結論強烈支持你建立每天的意圖。

比較兩者

　　讓我們來看看目標和意圖的比較與結合使用。

　　在思考如何建立你的意圖時，一個簡單的方法是在意

圖中包含行為、時間和地點：

- **目標**：我要在這一季把我的銷售業績提高20％。
- **籠統意圖**：我將專注於當下，使我能夠靈敏地回應客戶的疑問，把每一天的機會最大化。
- **明確意圖**：今天有八場客戶會議，在每場會議中，我將充分活在當下、靈敏回應，把銷售流程往前推進。

- **目標**：我這個月要減掉5公斤。
- **籠統意圖**：我將根據我已經規劃好的，在今天作出更明智的飲食選擇。
- **明確意圖**：我今天會把我預先做好的餐點帶到辦公室，每隔四個小時吃一份。

- **目標**：我今年要成為更好的團隊領導人。
- **籠統意圖**：我今天要耐心積極地傾聽。
- **明確意圖**：我今天要以耐心和良好的傾聽技巧來指導我的銷售團隊，並且創造更具支持性的工作環境。

　　建立明確意圖，非常有助於把你的心智能量、注意力和時間導向你的未來目標。

設定目標

　　我們為了一個簡單理由而設定目標 —— 知道目的地，

這樣我們才能更有效率地把時間、精力和焦點導向目標，以便達成目標。意圖幫助我們盡快朝著達成目標前進，並且享受過程。設定目標時，你應該要感覺到你設定的目標有點或非常離開你的安逸區，甚至瀕臨你認為不可能做到的邊緣。這是非常個人性質的一個流程，重點在於：切記，要走出你的安逸區，但不必到你招架不住的程度。

你可以從思考下列問題，展開設定目標的流程：

1.「我的目標或我想要的成果是什麼？」
2.「我目前的境況如何？」
3.「我已經擁有哪些資源？我還需要哪些資源（人／東西）？」
4.「達成目標的時間框架？」

透過時間透鏡，設定 SMART 目標

SMART 指的是，目標必須明確（Specific）、可評量（Measurable）、可達成（Attainable）、切要（Relevant）、有時間軸（Time-Centered）。

- **明確。** 訂定目標時，盡可能詳細。目標的陳述應該精確、清楚、具體，聚焦於五個 W。

  ☑ 思考問題：誰（who）、什麼（what）、何處（where）、何時（when）、為何（why）？

- **可評量**。為了評量你的目標而訂定明確標準，以追蹤你的進展，並且保持幹勁。

  ☑ 思考問題：「我怎麼知道目標是否達成？」「多少才算達標？」這些問題能夠提供你如何評量的細節，例如增加了多少收入、減了多少公斤、省下多少個小時等。

- **可達成**。你的目標必須務實、可達成；雖說目標應該要對你構成挑戰性，但仍然必須在可達成的範圍內。

  ☑ 思考問題：「為了達成目標，我必須採取哪些行動？」「我該如何達標？」

- **切要**。選擇你願意、能夠投入適量時間與努力，並且對你及群體真正重要的目標。

  ☑ 思考問題：「這項目標跟我整體的短程及長程計畫有關嗎？」「這項目標對我或其他人有益嗎？」「這項目標和我的為什麼／目的，以及我的價值觀一致嗎？」

- **有時間軸**。有排定時程且可追蹤的事項和時間軸。這將激勵行動，讓你當責。為了達成目標，你必須訂定一個明確的時間框架。

  ☑ 思考問題：「何時必須達成目標？」「我是否能

夠承諾投入達成目標所需要的時間？」

下列是一些SMART目標的例子：

- 我將在年底之前，為我們的新訂閱方案拉到至少十個新客戶，使我的銷售業績提高30％。
- 我要在接下來的三個月內減重5公斤，我的方法是每週去健身房五次，每次運動一小時，並且每隔四小時吃均衡餐點。
- 我要在這個月完成我的日語入門課程，每天花30分鐘聽一課。

研究顯示，有目標很重要，把目標寫下來，將顯著提高成功率。

加州多明尼克大學（Dominican University of California）心理學教授蓋兒・馬修斯（Gail Matthews）博士做了一項關於訂定目標的研究，她找了267名實驗參與者，這些男女分布世界各地，從事各行各業，包括創業人士、教育從業者、醫療保健專業人員、藝術家、律師、銀行業人士等。

她把這些人分成兩組，一組寫下他們的目標，另一組不用寫下他們的目標。結果，那些把目標寫下來的人，成功達成目標的人比那些沒有把目標寫下來的人高了42％。[3]

目標清單

　　你現在知道把目標寫下來有多重要了！請把你生活中各個領域的明確目標寫在目標清單上，它們可以是年度、季度或某個月的目標，視你的需求而定。若有其他領域是你想設定目標的，請自動加上去。

　　你現在已經確定了你的目標、找到你的為什麼，知道你重視哪些價值觀，並且寫下對你而言最重要的前三大目標。

　　在這一章，你已經辨識出許多對你來說真正重要的目標，為了從時間淨化系統獲得最大益處，你可以使用這些目標來指引你判斷現在對你來說什麼最重要。這麼做，你將成功收復最多小時，把它們重新投資於你生活中最重要的事項上。

上網下載時間淨化系統電子版表單

你的前三大目標

工作

1. _____

2. _____

3. _____

財務

1. _____

2. _____

3. _____

健康與體適能

1. _____

2. _____

3. _____

人際關係

1. _____

2. _____

3. _____

成為（你想成為或更是這樣的人）

1. _____

2. _____

3. _____

1. _____

2. _____

3. _____

1. _____

2. _____

3. _____

1. _____

2. _____

3. _____

第 4 章

時間毒素

時間是你的人生貨幣，它是你擁有的唯一貨幣，
只有你能夠決定如何花用，慎防他人為你花用。
—— 卡爾‧桑德堡（Carl Sandburg）

時間毒素是耗用、偷走、劫持或毒害你的時間的行為、活動、習慣、人、地、事，導致你在朝向達成對你最重要的事時陷入困頓、熄火或停止。在時間淨化系統中，這是很重要的部分，你首先必須辨識並去除這些毒素，才能騰出更多時間給那些對你最重要的事。

小毒素，大成本

1990 年代中期，知名化學家凱倫‧韋特漢（Karen Wetterhahn）在做化學實驗研究時，不慎讓移液管裡的二甲基汞滴出了兩滴到她的乳膠手套上，兩滴似乎是不足為道的量，但二甲基汞是劇毒、最危險的有機汞化合物。接下來幾個月，她開始出現平衡和說話上的問題，在不了解

為何有種種身體不適下，她前往醫院掛急診，血液檢查顯示，她嚴重汞中毒。

原來，韋特漢戴的乳膠手套，根本無法阻擋二甲基汞的滲透。二甲基汞迅速滲透乳膠手套之後，被她的皮膚吸收。不同於多數的汞中毒，韋特漢並非多月或長年暴露於有毒化學物質，這只是一起意外。

很不幸地，二甲基汞毒害她的大腦，乃至於她的整個神經系統；不到六個月，她死於那兩滴二甲基汞導致的併發症。[1]

雖然遠遠比不上這個故事的慘烈，但你的生活中有種種「有毒物質」，偷走你的時間，對你造成損害。這些毒素 —— 縱使是小毒素，很可能產生重大、嚴重、快速、持久的影響，而你甚至沒有覺察。

下列是可能劫持你的生活的一些常見時間毒素：

1. **社群媒體**。無聊或緊張時，你花了一個小時看臉書或其他的社群媒體。
2. **閒聊**。你一天花20分鐘在咖啡店閒聊或交談。
3. **追劇**。你已經養成晚上一直看電視的習慣，現在你更是可以透過串流，每週七天、天天二十四小時瘋狂追劇。
4. **負面的人**。你以前很喜歡和一位老友相處，但現在

他對生活很不滿，每次你們交談時，他總是抱怨個不停。

5. **工作過荷**。工作上的需求增加，迫使你把你的銷售拜訪延到一天的最後。此時，你已經很累了，因此雖然你很努力，但是在做這些銷售拜訪時，你無法有最佳表現。

6. **新聞**。不斷變化的世界，使你變成有癮頭的新聞迷，新聞饋送整天不斷地干擾你，你聽的新聞愈多，就愈覺得自己需要知道更多。

7. **簡訊**。一開始，簡訊功能原本是讓你和朋友保持聯繫的一種方法，但現在已經變成一種持續性的分心，就連在工作時也是。

8. **你的手機**。無聊時，你會不斷地去玩你的手機；當你可以專注而有生產力時，它變成一種很容易令人分心的玩意兒。

9. **購物**。你花無數小時查看、比較、研究你想買的東西。

10. **多工作業**。你從一項工作切換至另一項工作，導致你未能充分專注於當下，產出有品質、有成效的工作。

當你開始覺察愈來愈多這類的時間毒素時，切記，毒素入侵你的生活，並非你的錯，這發生於我們每個人身上，已經變成現今生活的一個自然部分。但是，既然你已經覺察了它們的存在，你可以阻止它們、去除它們，不讓它們入侵你的生活。

為了開始移除你生活裡的時間毒素，你首先必須檢視你把時間花在何處。一旦辨識了一項可能的毒素，接著就該思考下列這個時間淨化問題：

「這對我的幸福與成功有益或有害？」

思考這個時間淨化問題，將可立即釐清什麼東西有助於你，或什麼東西可能阻礙你達成生活中最重要的事項，阻礙你充分發揮潛能。不論你檢視的是一種行為、活動、習慣、人、地或事物，回答這個問題將幫助你洞察該如何使用你的時間。在閱讀本書後續章節時，這個時間淨化問題將指引你立即釐清你在每種境況下的時間使用是否有益。

有益或有害？

有益

首先，來看有益的部分。思考下列問題，可以幫助你

釐清，你正在檢視的這些行為、活動、習慣、人、地或事物，是否對你的生活貢獻了價值。若一行為、活動、習慣、人、地或事物促成下列心智和情緒狀態，代表它對你的生活是有益的。

我們以社群媒體（例如臉書）或你的一位朋友為例，問問自己：這是否……

- 啟發我或激勵我？
- 帶給我快樂？
- 使我更接近我的目標？
- 為我創造熱情、建立關係或持續互動？
- 使我把最好的一面展現出來？
- 使我與大我連結起來？
- 帶來關連性，使我覺得自己作出了貢獻？

有害

接著，來看有害的部分。問問自己：這是否……

- 消耗我的時間和精力，使我精疲力盡？
- 導致我沮喪或分心？
- 激怒我或令我焦躁不安？
- 導致我內心的反抗？
- 壓抑、貶損或羞辱我？

- 阻礙我或導致我退縮？

時間量與時間點

在判斷一行為、活動、習慣、人、地或事物對你的幸福與成功究竟有益或有害時，另外要考慮的因素是你對它投入的時間量，以及做此事的時間點。

1. **時間量。**思考這個：「我現在做這件事的時間量，是不是達到最大生產力的最適時間量？」例如，在臉書上花15分鐘，可能是有益的事，但花上一、兩個小時，就變成有害。

2. **時間點。**思考這個：「一天當中，何時是做這件事的最佳時間？」例如，在每週的業務電話會議上看臉書，可能有害；但在家的空閒時間看看臉書，可能對你的社交生活有益。

我在數百場研習營對成千上萬的人傳授過時間淨化系統，當提出時間淨化系統中的省思問題時，一再證明，當我們對正在做的事情臨在當下時，我們其實會直覺知道我們正在做的這件事，對我們的幸福與成功是有益或有害的。

當然，生活中的每件事並非絕對，好或壞，都是或多或少的程度，但我仍然請你判斷某件事對你是有益或有

害。這兩者之間，有一條細微的分界線，縱使你以前沒有思考過這個，你會知道答案的。

　　現在，重要的是，注意並覺察你的時間毒素，思量它們的影響。你可能從未被教過正確評估你使用時間的「如何、何時、何處、和誰」的流程，你的許多行為已經根深蒂固到變成了無意識的習慣，縱使它們已不再有益處或有目的，你仍然繼續這些行為。我指導我的客戶進行時間淨化流程時，經常問他們為何仍然展現特定行為，最常得到的回應是：「我從來沒想過這個……我就是一直都這麼做。」他們一開始通常都露出吃驚的表情，但是當他們開始了解這是現在可以改變或去除的時間毒素之後，他們就變成鬆了一口氣。

陷阱

　　陷阱是我們陷入的心智和情緒型態，歷經時日，可能成為毒素入侵並停留於我們生活中的途徑。下列是四大陷阱：

　　1. 解釋為什麼
　　2. 假裝不知道
　　3. 等到……之後
　　4. 我向來都這麼做

下文逐一討論這些陷阱，讓你了解它們如何運作，以及要如何克服。

解釋為什麼

和客戶共事時，我發現，很多人想辯護他們為何以特定方式花用他們的時間。很多時候，他們認為問題與解方皆非他們所能掌控。他們的辯護論點聚焦於情況、人或行為，相對於選擇、掌控，以及他們本身能夠處理問題的力量。他們陷入「我永遠改變不了」或「我無法改變」的徵狀，認為他們無能為力，這助長了他們解釋與辯護的談話迴路，他們表現得像個受害人，未能看出他們其實可以改變，可以解決問題。

這是一種抗拒改變的正常捍衛機制，但這跟一件事到底有益或有害是絕對無關的。重點在於打破這種解釋為什麼的自我辯護循環，判斷一特定行為、活動、習慣、人、地或事物到底是在阻礙你，或是在幫助你邁向你的目標，成為你一直想成為的那種人。

假裝不知道

這種陷阱通常發生於當人們說服自己相信一特定行為、活動、習慣、人、地或事物沒有毒害，因此不會對他

們造成不良影響。

　　我們的經常忙碌與分心，導致我們未能覺察生活中的實際情況，以至於我們沒有活在當下，並且假裝不知道實際情況。

　　為了克服這種陷阱，請你不時思考下列這個問題：

「我是否假裝不知道？」

　　下列是這個問題的例子及回答：

　　「我是否假裝不知道我的朋友強納生是個怎樣的人，假裝不知道我和他的互動有問題？」

　　回答：「我假裝不知道強納生非常負面看待生活裡的每件事，當我和他在一起時，他的這種負面心態總是削弱我的幹勁，使我覺得好像啥事都行不通。」

　　不時花點時間省思這個問題，將幫助你洞察某件事對你的幸福與成功有益或有害。

等到……之後

　　這是我的客戶經常掉入的第三種陷阱，他們往往使用下列這句話來辯解他們為何沒能達成目標：

等到　＿＿＿＿＿＿　之後，我就能　＿＿＿＿＿＿　。

例子：

- 「等到我平衡我的生活之後，我就能夠變得更健康、身材好。」
- 「等到我成功減去10公斤，我就能找到理想的另一半了。」
- 「等到我的孩子滿18歲之後，我就能開始再度過我自己的生活了。」
- 「等到經濟變好一點，我應該就會更成功了。」

這種陷阱是一種拖延伎倆，哄騙你認為你還沒做好準備，成功取決於某個外部因素。為了擺脫這種陷阱，你必須把你的心態從「為何我無法……」，變成「我如何能夠……。」

現實中，你必須先下定決心，百分之百堅信你想要做到或獲得什麼，這股力量將驅策你設法為目標找到時間，絕不可能倒反著來。人們之所以陷入困頓，就是這個原因，你必須尋求資訊、知識、智慧或指導，實現你的目標。

為了擺脫這種陷阱，請你問自己：「若我現在做_____，我的人生將如何增色？若我現在朝著我想要的目標踏出一小步或一大步，將會有何改變，或是將會啟動什麼？」

我向來都這麼做

這第四種陷阱跟習慣和例程有關，我們全都可能變成受習慣支配的人，墨守成規，我們的大腦被訓練成以自動駕駛模式做事。這是一個很容易落入的陷阱，因為你不再有意識地思考你所做的事，你自然而然就去做。

大腦喜愛習慣——不論好習慣或壞習慣，因為習慣成自然，大腦不再需要去思考。時間淨化系統之所以非常具有改變功效，就是因為它鼓勵人們有意識地停下腳步，思考：「這對我的幸福與成功有益或有害？」打破這個陷阱的方法，就是思考這個問題：「我可以有什麼不同的做法？」

藉由自問這些問題，你就會開始慎思明辨，使你覺悟新的可能性與選擇。

時間宿醉效應

這些毒素和陷阱可能導致「時間宿醉」（time hangover）。當你體內有太多毒素時，就跟體內有太多酒精一樣，你會有一段時間的宿醉體驗，感覺很糟，而且這種糟糕的感覺，持續時間遠比你「享受」毒素活動的時間還要長。因此，毒素活動是很糟糕的投資——你在第二天付出代價，可能在往後的數週、數月、甚至多年間，仍

舊持續付出代價。「時間宿醉效應」（time hangover effect）指的是一種意外成本：你未來在時間和表現上的損失。

舉例而言，你必須為明天早上的一場會議做準備，但你決定休息一下，觀看你喜愛的、由網飛公司（Netflix）製作出品的電視影集。你本來只想看一集的，不意這一看，就追劇了四小時。現在，你不僅沒有為翌日的會議做好準備，還睡眠不足，導致精神差、更緊張，而且睡眠不足可能對你的整個星期造成影響，這全都拜一項有毒害的活動所賜。

我有一個客戶，他的最大時間毒素是對街的那間咖啡店。簡單的10分鐘休息時間，變成每週花了多個小時和熟人及朋友交談，占用了他最有生產力的下午工作時段。你的黃金工作時間過了就過了，無法收回，你也無法在晚上11點做銷售拜訪工作。那些浪費的時間，造成的影響遠非只是在咖啡店耗掉的那些時間，它們導致他整個事業發展速度慢了下來，彷彿他天天帶著宿醉去工作。成功移除這個時間毒素之後，他的整個生活和工作表現都為之改變。

把時間浪費在攪亂你或使你整天沮喪的某個行為、活動、習慣、人、地或事物上，將導致時間宿醉，降低你的生產力，消耗你的精力，傷害你的表現。

我的人生目標

我生長於芝加哥，小時候，家境窮困，基本上，我的母親獨力撫養我和弟弟，我們住在一個低所得社區的一間小公寓，仰賴政府補助和食物券。在這種境況下，我的母親已經做得很好了，但我在很小的年紀時就心想，將來我不想讓我的家庭過這樣的生活，我將盡我所能，改變我的境況。

到了 13 歲，我能看到的唯一出路就是當個運動員，所以，儘管個頭高瘦，我決心取得美式足球獎學金，有朝一日能夠進入國家美式足球聯盟（NFL）。這不是我的夢想，而是我的計畫，這項目標變成我的全部生活，我醒著的每分每刻，都用來追求成為一名優秀的運動員。

我在高中時投入美式足球，非常努力，我的資質很明顯，但沒有任何一個國家大學體育協會（National Collegiate Athletic Association, NCAA）第一級別學校的球探看上我。我身高 193 公分，體重只有 77 公斤，我知道我必須增重，變得更壯碩，才能進入下一個層次。失敗不是我的選項，因此我進入兩年制的社區專校，研究並尋找一切可能使自己變得更壯碩、速度更快的方法。在一心一意的努力下，兩年後，在專校二年級時，我的身高是 196 公

分，體重104公斤，是邊鋒球員，開始受到每週前來物色的大學球探注意。

那季的第五場比賽，我在飛身接一顆球時，腿後筋撕裂，趴在地上。在腿部劇痛之際，我腦海自動浮現最糟糕的可能情境，我取得大學獎學金和成為職業運動員的夢想破碎了。那一刻，我感覺彷彿我的人生結束了。

但我堅決要掌控自己的未來，我立刻展開復健。五週後，我已經復原了八成，狀況夠好，可以打我們當季的最後一場，那是冠軍賽。我的腰部到膝蓋全束上束縛，以保護我的腿後筋，我撐完全場。幾週後，西密西根大學給我一份NCAA第一級別學校的獎學金，這雖不是我渴望進入的密西根大學或俄亥俄州立大學之類的前十強，但仍是一所好學校和一個很棒的機會；最重要的是，這是一個進展，我在我的成功階梯上往上晉升一階。我極其興奮，迫不及待穿上護甲，上場練習，渴望作出令人驚豔的表現。

但是，在西密西根大學第一個春季練習開始不久後，夢魘重現，相同的腿後筋部位再次撕裂，我再次感覺彷彿世界終結了。

別忘了，大學美式足球員資格有時間限制，兩次腿後筋撕裂已經浪費了我兩年，因此我開始查看全國大學校際體育協會（National Association of Intercollegiate Athletics,

NAIA）會員學校，因為NAIA的規則不同，可以延長我的資格，至少可以讓我打完接下來一、兩年。我選擇了科羅拉多州的梅薩學院（Mesa College），該校有一大隊的運動員，學校也願意給我獎學金。梅薩學院有不少因為成績、嗑藥或和員警衝突而被NCAA第一級別學校刷掉的運動員，還有一些像我這樣試圖克服運動傷害以挽救運動生涯的運動員。每年，該校有一些球員成為職業運動圈自由球員，有些還進入了NFL，因此我還是有希望。

　　若我在梅薩學院完成我的第一季，就算我仍然未能百分之百復原，我可以用接下來的季後時間更加努力，讓自己恢復到百分之百。我做到了，下一個秋季，我以此生最佳狀態的113公斤現身，感覺自己強大，銳不可當。

　　高年級生有機會在來訪的職業球探面前做一些測驗，我認為這是我大展身手，讓他們大開眼界的大好機會。所以，當我站上四十碼短跑起點線時，我決心卯足全力。起跑後，我奮力往前衝，跑出我這輩子最快的四十碼時間。衝過終點線時，我摔倒在地上，我再一次撕裂腿後筋。躺在那裡，我感覺到皮膚上熱熱的瀝青，腦中大喊：「又發生了，我不相信！」

　　三度腿後筋撕裂，不是天才也能看出這是一種型態。不論我多麼努力，我似乎不可能辦到了！我整個人沮喪

到不行，打從13歲起，我的人生只有一個目標 —— 成為
NFL球員，這是通往我極度渴望的成功人生的門票，我甚
至無法想像不進NFL的人生。事實是，我的自尊心太低
了，以至於我相信美式足球是我唯一能夠擅長的東西，不
做這個，我就是個無用之人，因此，我不斷地逼迫自己朝
著這個目標邁進。

　　那季報銷了，我再度展開復健，堅信我不能放棄。我
認為我別無選擇，那年夏天，我強逼自己比以往更加努
力，一天訓練兩次，看到什麼就吃，讓體重增加到近136
公斤，再度感覺自己堅不可摧。

　　接下來那季，我返回學校，準備好接受任何挑戰。在
訓練營，看看我的身材，教練把我調去擔任截鋒，我的表
現非常好，我也喜愛這個新角色，在場上，我制霸這個新
位置。

　　但接著發生了一件事，進入訓練營約一週後的某個週
六早上，一覺醒來，我突然不想去練球。並不是疲倦或什
麼的，我就是不想去；事實上，從此以後，我再也沒想去
練球了。

　　在那非常明晰的一刻，我發現，我對美式足球的熱情
消失了。就這樣，彷彿我的腦海裡有什麼東西卡入後定
位，使我獲得了這樣的醒悟。當時，我躺在床上，笑了起

來，因為我想到，24 歲、重達 136 公斤的我，竟然一直以我 13 歲時的心態活著。我此生第一次清楚認知到，我一心一意只想成功，在受傷多次後，支持我繼續朝這方向前進的是我不想失敗，但我才是那個令自己失敗的人。

　　三所學校、三名教練、三次受傷，時間已經改變了一切，但我卻一點也沒有改變。時光已經從我身邊流逝，而我卻仍然活在過去。我持續在成功階梯上一階一階地往上爬，直到那天早上，我才發現我爬的階梯靠錯了牆。

　　那天早上，躺在床上，我知道，從現在開始，得換另一條成功之路了，換條我更喜愛的。我收一收所有的裝備，前往總教練的辦公室，找他商談。我把裝備放在他的辦公桌上，這些裝備一脫離我的手上，我立刻感覺我把自己從關進去的那個心智牢獄中解放出來，心頭湧上難以言喻的喜悅和自在，我終於給自己追求全新未來的空間。

　　這個決定使我擺脫了長久以來自我束縛的想法 —— 我的成功之路只有打美式足球。雖然這個想法在早些年幫助我，但在那一刻，我知道，我的狹隘思維和框限的信念，正是束縛我的阻礙。

　　如今回顧，我很清楚，當年的我太習慣且入迷於自動駕駛模式，以至於我從未停下腳步，評估這是否仍是正確的道路 —— 我不過是向來都這麼做罷了。停下腳步、重

新評估與深思之後，我認知到我其實是可以有所選擇的。我落入我自己設立的有毒陷阱裡，導致自己承受巨大、沒必要忍受的痛苦，現在，我解脫了，可以追求新的成功之路了。

　　請你思考這個問題：有什麼汙染物、有毒陷阱或「盲點」正在阻礙你？ 目前，你在生活中投入時間和精力努力的什麼事情，是你必須放手的？也許，你需要修正你的航道，使你不再浪費時間於其實不再重要的事情上；也許，你仍然在以必須甩脫的舊想法在運作著。

　　現在，你應該把對你不再有益的東西給清洗掉。

突破盲點

> 我們必須願意丟棄我們原先規劃的人生，
> 才能擁抱在等候我們的人生。
>
> ——約瑟夫・坎伯（Joseph Campbell）

　　我從我的教練生涯中了解到一點：說到時間，以及時間和各種成就、整體成功或表現的關係，各行各業、各種層級的男男女女，全都有導致他們陷入困頓、掙扎的「隱形路障」，我稱這些為「盲點」。

什麼是盲點？

盲點是你潛意識裡的一種保護機制，阻礙你看到你的框限思維，使你感到「安全」、自在，保持於熟悉的路上。但是，熟悉的路也使你無法充分發揮潛能。盲點通常源於我們的過去，或是源於一路走來的特定生活事件。

在開車方面，「盲點」是你在開車時，無法從車子的後視鏡中看到的區域。當你需要切換車道時，你習慣性地瞄一下後視鏡，然後你轉動你的頭，掃視一下這些鏡子照不到的盲點。

在開車以外的其他領域，盲點使我們習慣於以框限的、不機智的方式去思考。這些盲點導致我們在工作、財務、人際關係和健康方面的表現欠佳，因為你陷入你無法看出潛在有害的東西的環境裡，你無法改變你無法看到的東西。

時間淨化系統不僅能夠揭露你的盲點和你的框限信念，更迫使你加以檢視，並且提供一套流程，幫助你擺脫那些阻礙你的盲點與思想。

兩類盲點

在指導成千上萬的人使用時間淨化系統時，我辨識出

兩類盲點：

1. **行為**。這指的是你未察覺你做的某件事是有害的，可能是你花在某件事上的時間量或時間點使得它有害，例如一天花在臉書上一小時，或是每天在咖啡店待上30分鐘。

2. **信念**。這是更深植於你的潛意識裡的東西，是你沒有覺察的一種信念，導致你未能採取適當行動去改變你生活中有害的行為、習慣或事物。當發生這種情形時，我的客戶經常對我說：「我不知道我為何一直……我知道我不應該這樣，但我就是控制不了自己。」

如何找出你的盲點？

> 不論你認為你做得到，還是做不到，
> 結果都會證明你是對的。
>
> ——亨利‧福特（Henry Ford）

為了突破你的框限信念，最快的方法是思考這個問題：

「我必須成為怎樣的人，才能夠獲得我想要的？」

在任何你想要有所突破的生活領域，你都可以自問這

個問題。若你注意到你在工作、財務、人際關係或健康等
領域有效能落差，你也可以思考這個問題，並且採取下列
步驟。

步驟1 明確定義你想要獲得什麼。

步驟2 回答這個問題：「我必須成為怎樣的人，才能
夠獲得我想要的？」

步驟3 回答這個問題：「我對自己抱持了什麼信念，
阻礙我⋯⋯（此處填入步驟2的回答）？」

步驟4 回答這個問題：「我對自己抱持了什麼信念，
使我在步驟3中的回答得以成立？」

步驟5 重複步驟4的問題，直到你開始一再得出相似
的答案，直覺自己已經得出核心答案了。

步驟6 得出你的核心答案之後，思考這個問題：「這個答案或信念，真的正確嗎？」

若你回答「是」，請再思考下列這兩個問題：「我100％確定這個答案或信念正確嗎？」，以及：「不論什麼時候，這個答案都正確？」

當你的回答為「否」時，代表你已經完成了盲點探究流程，可以進入下一步──把你的盲點變成強化信念。

下列是我一個客戶使用這些步驟來探究盲點的例子，這個客戶在事業和財務方面陷入困頓，想要有所突破。

步驟1 明確定義我想要獲得什麼。

回答：「我想要職涯有進一步的發展，賺更多錢。」

步驟2「我必須成為怎樣的人，才能夠獲得我想要的？」

回答：「我必須在事業上，成為一個更有自信且果敢的人。」

步驟3「我對自己抱持了什麼信念，阻礙我成為更有自信且果敢的人？」

回答：「我欠缺適足的教育。」

步驟4&5「我對自己抱持了什麼信念，使我欠缺適足的教育？」

回答：「我不夠聰明。」

問：「我對自己抱持了什麼信念，使我欠缺適足的教育？」

回答：「我的經驗不如別人豐富。」

問：「我對自己抱持了什麼信念，使我欠缺適足的教育？」

回答：「我不夠優秀。」

問：「我對自己抱持了什麼信念，使我欠缺適足的教育？」

回答：「我不夠優秀。」

在重複回答「我不夠優秀」時，這個客戶直覺知道他已經發掘到他的潛意識信念了。

步驟6「我100％確定這個信念——我不夠優秀——正確嗎？」，以及：「不論什麼時候，這個信念都正確？」

他大聲且驕傲地回答：「不！」

我指導無數客戶進行這個盲點探究流程，他們最終全都認知到，這些陳年的框限信念，其實是我們自己在腦中編造的。發掘它們，然後把它們轉變成強化信念，是開啟你的充分潛能的關鍵之鑰。

如何把你的盲點轉變成強化信念？

你已經辨識出可能阻礙你的盲點，接下來，你應該把你的心態轉化成一個強而有力的意圖聲明，最快速、有力的工具是想像你想要什麼，想像彷彿你已經獲得它。

在想像你想要什麼時，描繪你已經達成此一目標的景象。想像大約一分鐘之後，請你自問：「什麼信念能使我達成這個目標，支持我實現這個目標？」你的回答可能是：「我在事業上更果敢、有自信」，或「我有作出正確決策的智慧」，或「我擁有完成任何計畫的能力與資源」，或「我能夠建立與維持健康、親密的人際關係」，或「我值得活得更快樂。」

現在，你已經決定了你的新強化信念，請你聚焦於這個信念，把它寫下來，用它作為每天的意圖，激勵你採取行動。

與魔鬼對話

我最喜歡的書籍之一是拿破崙・希爾（Napoleon Hill）撰寫於八十多年前的《與魔鬼對話》（*Outwitting the Devil*）。[2] 信不信由你，拿破崙・希爾當時太害怕而不敢出版此書，因為他擔心，不知道人們會作出怎樣的反應，

因此書稿一直擺在他的書架上，直到他過世後才被發現。
經過多年爭論，他的家人最終決定以他的姓名出版此書。

　　在書中，拿破崙‧希爾和魔鬼面對面坐下來，不論他
詢問什麼，魔鬼都必須說實話。希爾問：「祢如何驅使人
們做祢想要他們做的事？」

　　魔鬼猶豫了一下，因為祂不確定要不要揭露這麼一
個大祕密。考慮片刻之後，祂說：「人們不會獨立思考，
一百個人當中，有九十九個懶得獨立思考，所以我很容易
使他們迷航，去做我想要他們做的事。」

　　希爾又問：「但祢如何做到的呢？實際上，祢是如何
做的呢？」魔鬼不想回答這個問題，希爾提醒祂：「祢承
諾過要對我說實話的喔！」

　　魔鬼回答：「我很清楚如何使每個人迷失的要點。我
知道你的弱點。有些人的弱點是性愛、毒品或貪食，其他
人的弱點可能是過度購物或工作。一旦我讓他們脫軌，我
就能夠控制他們，他們就進入了被催眠的狀態，聚焦於我
要他們聚焦的東西上。自此，我就能夠驅使他們去做我想
要他們做的事，他們無能為力。」

　　希爾說：「喔，那人們要如何才能夠以智取勝祢？如
何才能避免落入被祢催眠的狀態？」

　　魔鬼當然不想說出答案，但是根據承諾，祂必須說。

因此，猶豫了一會兒之後，祂終於回答：「你只要開始獨立思考就行了。最重要的是，人生要活得有目的，一旦聚焦於你的目的，致力於實現你的目的，我就再也拿你沒轍了，我無法征服你。」

　　這個故事的深切含義是：每當你不聚焦於你人生中真正重要的事物時，你很容易就會被時間毒素和令人分心的汙染事物所害，變得迷失，朝往錯誤的方向。

　　這個故事裡的「魔鬼」，泛指對你的目的無益的任何人事物，比較令人驚悚的是，現代社會本身已經自成一種「魔鬼」了。

不斷艱苦奮鬥的詹姆斯

　　詹姆斯是我近期的一個客戶，三十幾歲，他是一位行銷與品牌顧問。他告訴我，他總是覺得時間不夠用。詹姆斯的目標是為他的行銷客戶推出一個新的線上行銷課程，他一直苦於找不到時間去完成這件事，他已經在平時滿檔的工作行程中，擠出幾十個小時投入這件事。他不僅說出「我的時間從來都不夠用」或「我覺得我被時間支配了，我無能為力」之類感到受縛的話，當他描述他和時間的關係時，我也能看出他的臉部和身體很緊繃。

　　我評估詹姆斯告訴我的種種狀況與感受後發現，他的

時間問題背後有一個重大盲點，我直覺知道那個盲點是什麼，但我仍然使用盲點探究流程來幫助他發掘真相。

我們從他的明確目標著手：完成他的線上行銷課程的發展。

我問他：「你必須成為怎樣的人，才能夠獲得你想要的（完成他的線上行銷課程的發展）？」他說：「我必須掌控我的時間。」

我問他：「你對自己抱持了什麼信念，阻礙你掌控你的時間？」

他說：「時間好像總愛跟我作對，我的時間從來都不夠用。」

接下來，他陸續作出下列回答：

「我不善於使用時間。」

「我缺乏紀律。」

「我不夠堅定。」

「我不配獲得。」

「我不夠聰明。」

「我必須做到完美。」

「我不配獲得。」

當他重複提到「我不配獲得」時，我知道他已經挖掘到他的核心框限信念了。

我問他：「你真的相信這點嗎？」

他幾乎從椅子上跳起來，他很有自信地說：「不！」

詹姆斯當然知道，這不是事實。我們一起挖掘出他有一個盲點 —— 根深蒂固的框限信念，認為若他不艱苦奮鬥，就不配擁有這樣的成功。因為這個信念，他不斷地奮鬥，花更多時間，想使他的線上行銷課程做到「完美」。

一旦他改變他的信念，認知到他其實不需要掙扎，他有資格獲得成功，情況就開始有所轉變了。他變得專注，有效使用時間，他的線上行銷課程發展有了明顯進展，他內心的緊張和焦慮也明顯消失了。詹姆斯現在注重時間效能，優雅與時間共舞，而不是像以往那樣，奮力對抗時間。

我們進一步使用時間淨化流程時，我教他用一種新方式，了解他如何選擇使用他的時間，他開始發掘有害的汙染物。詹姆斯認知到，他錯誤使用及錯誤判斷他花在線上的時間，尤其是在觀看新聞網站以及在社群媒體上互動時。他以為，他只是花幾分鐘充電、放鬆一下，但他後來發現，他其實每天花幾個小時在線上。

詹姆斯開始追蹤他的線上習慣後發現，藉由減少觀看線上新聞，他每週奪回7小時；藉由減少與工作無關的社群媒體使用，他每週奪回3小時。如此這般，繼續評估他在其他領域的時間運用，以往總是無法趕上工作進度，或

是無法把所有事務排進一天行程中的詹姆斯，現在每週奪回 20 小時。

在我的協助下，詹姆斯每天從他的目的出發，聚焦於他的優先要務，用訂定的明確意圖，來保持自己始終朝向目標，完成他當天想要完成的事。他現在體現時間效能心態 —— 專注現時，充分臨在當下，改善了他的的時間品質、體驗或效能。

詹姆斯把奪回的時間轉投資，完成他的線上行銷課程的發展 —— 並且成功推出。他恢復上健身房運動，也會做做冥想練習，每晚多睡一小時。沒有了時間壓力，擺脫了以往的框限信念之後，詹姆斯持續締造成功，現在他擺脫了他的盲點，掌控他的時間。

現在，你已經了解，時間毒素無處不在。從你的行為和信念中辨識這些毒素存在何處及如何運作之後，你將會發現，去除這些毒素，將開啟空間，增進你的時間效能、快樂與成就。

第二部
時間淨化流程

第 5 章
時間淨化系統

為了好好珍惜對你而言重要的東西，
你必須先丟棄那些已經無用的東西。
—— 摘錄自近藤麻理惠的《怦然心動的人生整理魔法》

　　你將從本章展開時間淨化流程，這套淨化流程將提供你一個難得的機會，讓你仔細看看你目前如何使用你的時間，以及你是否有效運用你的時間，你將快速、愉快、輕鬆地達成你想要的成果。

　　針對你花用時間之處，請記得思考時間淨化問題：**「這對我的幸福與成功有益或有害？」**，你將發現你可以從哪些領域奪回時間，重新投資於你生活中最重要的東西。這個簡單的問題，將引導你更能夠有效掌握你的時間、成果和人生。

　　時間淨化流程的目的，並不是在追求完美，這是一種「覺察→選擇→進步→改變」的概念。時間淨化系統將讓你的生活多出時間，為你的時間增添生命；在此同時，增

進你的時間品質、體驗和效能，幫助你避免浪費時間，把時間重新投資於生命中最重要的事。

　　人們、團隊和組織因為各種事業與生活境況來找我，但他們通常想要下列這些東西：

- 事業更上一層樓
- 獲得更多快樂
- 學習一種新技能
- 擁有健康的工作與生活平衡
- 提高營收或改善獲利
- 達到快速的自我改進
- 讓自己重返軌道
- 再度充分享受人生
- 創造更多美好回憶
- 擁有更多空閒時間

　　我向很多人介紹這個經驗證有效的方法，最顯著的成果之一是每週奪回至少10小時，多數人每週奪回20小時以上的時間。下文將介紹「用更少時間做到更多、獲得更多、成就更多」的步驟流程，這種淨化是你的基礎，一旦你有機會做這種淨化，我將在本書第三部教你如何把時間效能技巧應用於你奪回的時間，增進你的成果。

　　時間淨化系統的最終目的，是讓你能夠停下腳步，給

自己空間和時間，留神檢視什麼對你有益、什麼對你有害。

　　透過你在本章及下一章學到的方法，你將：

- **了解**什麼對你來說才是真正重要的東西，使你能夠聚焦於人生中最重要的人事物上。
- **認知**到你把時間花在何處，你的生活中有哪些毒素阻礙你達到你想要的成果。
- **擺脫**那些劫持你的精力、時間或自由的毒素和時間汙染物。
- **奪回**你的時間。
- 把奪回的時間**重新投資**於最重要的事。

　　仔細的檢視非常有助益，因為持續的忙碌與分心，導致我們多數人彷彿被施了催眠術般的，恆常地以自動駕駛模式運作。我們通常不會特別去檢視自己如何把時間花用於生活的特定領域，因為生活步調快到讓我們好像沒有時間去做這件事。我們已經很習慣認為時間好像不夠用，但這又好像不是我們所能掌控的，我們無計可施。

　　時間淨化系統將改變你對時間的了解，改變你和時間的關係。你將認知到，時間不僅是你可以影響的，也是你可以掌握的。我們開始吧！

首先，寫下你的承諾聲明

首次做時間淨化流程之前，你必須知道下列三點：

1. 以好奇與探索心態展開這項流程，好奇地探索你如何花用你的時間，你的時間花在何時、何處、誰的身上，不論你發現了什麼，都別作出任何批判。這麼做，你的心智與情緒狀態將會正面地支持你，也會使得整個流程輕鬆、有趣。若你太嚴肅，將會延緩整個流程，降低正能量。切記，這套流程聚焦於追求進步，不是追求完美。

2. 你也許無法辨識出你每個小時做的每件事，沒關係，隨著本書指導你的整個流程，你將會有很多時間回頭檢視，加入需要淨化的項目。所以，用你自己的步調做淨化流程，慢慢來，別陷住，或是對你的答案想太多。

3. 在檢視你的行為、活動、習慣、人、地或事的長期型態時，你可能會浮現情緒或抗拒，這很正常。你只須注意到浮現的情緒、想法或感覺，接受它們，別排斥它們，然後繼續你的時間淨化流程。

你在第3章設定了你的目標，建立你的價值觀，探索並和你的為什麼連結。這些將是你的時間淨化流程的基

石，在你思考與研判你現在的生活中真正想要什麼、致力於做到什麼時，這些將是你的指引。

在下列「我將致力於……」的陳述中填入你的答案，這將成為你的承諾聲明。在填寫你的答案時，聚焦於現在對你而言最重要的東西，但別讓你的清單放進太多項目，我建議最多三個目標，或是僅僅一個你將完全聚焦的最重要目標。你在此寫下的目標，將是你要找出更多時間以投入其中的事項。以正面文字填寫你的答案，愈具體愈好。

我的承諾聲明
「我將致力於在 ＿＿＿＿＿＿＿（填入時間）之前， ＿＿＿＿＿＿＿＿＿＿＿（填入你想做到的事）。

例子：「我將致力於在今年底之前，把我的銷售業績提高25％，上瑜伽，使我的身體變得更加柔軟，體重減去5公斤。」

接著，對這個（些）目標寫下你的「為什麼」，你可以參照你在第3章建立的目標清單。

例子：「這樣，我才能為我的家庭和我建立財務保障，變得更健康，充分支持我的家庭。」

現在，在下列空白處，填寫你的承諾聲明和你的為什麼：

我的承諾聲明：

_____

_____

我的為什麼：

_____

_____

確立你的承諾

除了把事情做好的高明藝術，還有把事情擱下不做的高明藝術。

人生的智慧在於剔除沒必要的東西。

　　　　　　　── 摘錄自林語堂的《生活的藝術》

（ *The Importance of Living* ）

寫下你的承諾之後，現在，請閉上你的眼睛，深呼吸，花一、兩分鐘想像你已經達成你寫下的這些目標，想像你的眼睛實際看到了你達成這些目標之後的境界。觀看你看到的，聆聽你聽到的，感受你感覺到的，現在，這些

成為你生活的一部分了，請注意一下，你和誰分享這些成果？你的生活與以往有哪些不同？你現在享受什麼？現在擁有了這些，你的生活對你有何意義？你的感覺如何？充分體驗，用你身體的每條神經、每根纖維、每個細胞去感受，坐著充分享受片刻。在充分感受的同時，你甚至可能覺得你臉上浮現了微笑。然後，再深呼吸一次，張開你的眼睛。

你剛剛的視覺化體驗，在你的心智形成了一道突破，創造了讓你擺脫你加諸自身的束縛的片刻。你已經看到了、也實際體驗了可能性，接下來，我將教你如何更快速地實現那樣的可能性。

切記，時間只有一個，那就是現在；方向只有一個，那就是向前。

時間淨化表單：你可以在8個領域淨化時間

你已經確定你想把時間用於達成什麼，接下來該開始辨識你生活中的哪些層面支持你，哪些層面則是以毒素和汙染的形式阻礙你。

時間淨化把毒素和汙染區分為下列8大類（參見「時間淨化表單」）：

1. 科技
2. 人
3. 地
4. 物品
5. 活動
6. 職業領域的互動與活動
7. 思想與情緒
8. 非平常之事

我將指引你逐一檢視每個類別，你可能會發現，這其中的一些類別重疊。「時間淨化表單」的目的是確保你辨識你的所有時間，若發現重疊項目，你應該只計算其中一個類別的時間，只把它列在你首先辨識出的那個類別，刪除後來出現的重疊項目。

在寫出你把時間花在何處及如何花用時，通常一開始會辨識哪些事情支持你或阻礙你，但現下，我們先只聚焦於你如何花用你的時間；之後，我會帶你一步步地決定如何處理那些對你的幸福與成功有益或有害的事情，讓你知道該怎麼做。你可能會發現，某些類別中的項目較多，其他類別中的項目較少，這很正常，這裡的重點是辨識你目前的大部分時間花在何處。

　　深入了解每個類別之後，你可以在後文所附的「時間淨化表單」上的每個類別填入你辨識出的項目。在開始了解這八個類別之前，很重要而必須在此指出的一點是，你將有機會做詳細的事業時間淨化流程，這是專門為了改善你的工作績效而設計的時間淨化流程，我們將在第 7 章一起做這個。所以，別因為目前這個淨化流程中沒有詳細處理你的事業部分而擔心，我們將在後面做這部分。

1. 科技

　　科技為我們的生活帶來許多好處，也對我們個人的生產力有幫助，但科技也可能導致我們未能發揮最佳效能。認真檢視科技，以及你天天如何利用它，你每天花多少時間查看線上新聞、臉書、推特、Snapchat、Instagram，以及其他的社群媒體、遊戲和應用程式？你閱讀哪些新聞饋送，讀多久，何時閱讀？你打 game 嗎？你使用應用程式嗎？你在線上購物嗎？

　　想想這些，估計一下你每天花多少時間使用這類科技工具？回顧時，別帶任何批判，不對你作出的回答賦予任何意義，只要誠實估計你每天花在這類科技工具上的時間量即可。寫下這些：

1）每一種你投入的這類活動

2）每天在何時做這項活動

3）做多久

針對每一項，你可能覺得寫下每週總計投入活動的時數比較容易；或者，寫下每天投入的分鐘數比較容易。兩種方法皆可，選擇你覺得最容易表示你的時間的方式。

例子：

- 花在臉書上的時間（每天多次）
  每週5次，每次30分鐘＝2.5小時
- 上 Instagram（每天多次）
  每週5次，每次1小時＝5小時
- 查看線上新聞（早上7點，中午12點，傍晚5點）
  每週7次，每次1小時＝7小時

2. 人

想想你把時間花在誰的身上，想想你的家人、朋友、泛泛之交、同事、同業等，不論是私人生活或工作上，把他們寫下來，也寫下你花在他們身上的時間量。

寫下每一個人之後，總計一下你一週花多少個小時或多少分鐘在這個人身上，備注你們互動的性質。別忘了把

你不常見的人，以及你花在他們身上的時間量也寫下來。
寫下這些：

> 1）這個人的名字，和你的關係
>
> 2）你花在他／她身上的時間

> 例子：
>
> - 鮑伯（朋友）
>   每週3小時＝3小時
> - 家人
>   每週12小時＝12小時
> - 丹（同事）
>   每週5次，每次1小時＝5小時

3. 地

想想你把時間花在什麼地方，想想你的工作日和週末，你花多少時間在家裡、工作、健身房、餐廳等，把它們具體寫下來。若你每天去咖啡店10分鐘，也要包括在內。寫下這些：

> 1）地點
>
> 2）你在那裡做什麼
>
> 3）你在那裡停留多久

例子：

- 咖啡店（社交）

  每週5次，每次1小時＝5小時
- 在家工作

  每週5次，每次1小時＝5小時
- 在餐廳吃晚餐

  每週4次，每次2小時＝8小時

4. 物品

你花時間、金錢或精力在什麼物品上頭？想想看，你花多少時間研究、購買、清理和保養衣服、鞋子、手表、車子、收藏品、小裝置。寫下這些：

1）什麼物品

2）你如何花時間於每個物品上，你花了多少時間

例子：

- 研究手表

  每週5次，每次30分鐘＝2.5小時
- 保養車子

  每週2小時＝2小時

- 欣賞、清理和整理鞋子
  每週 3 小時＝ 3 小時

5. 活動

你常做哪些活動？例如：看電視、看電影、運動、從事嗜好、觀看運動比賽、做料理、外出和朋友吃晚餐或喝酒等。家務事如打掃、整理與支付帳單，個人護理如梳洗、打扮等，也要包含在內。

提醒一點，若你已經在「科技」類中列出看電視這一項了，這裡就別再列第二次了。寫下這些：

1）你做什麼活動
2）花了多少時間

例子：

- 看電視
  每週 5 次，每次 2 小時＝ 10 小時
- 外出喝酒
  每週 4 小時＝ 4 小時
- 上健身房
  每週 5 次，每次 1 小時＝ 5 小時

6. 職業領域的互動與活動

　　一般工作日，你在辦公室做哪些事？出席會議、安排你的工作、管理員工、和同事或廠商談話、打雜、接銷售電話、出差？別忘了把研討會、研習營和職業訓練也包含進去。寫下這些：

1）你在工作中做的事
2）你花多少時間做這件事

例子：

- 會議
  每週5次，每次2小時 ＝ 10小時
- 銷售電話
  每週5次，每次2小時 ＝ 10小時
- 策略談話
  每週5次，每次1小時 ＝ 5小時
- 打雜
  每週3次，每次1小時 ＝ 3小時

7. 思想與情緒

　　你花了多少時間在反覆出現的思想、情緒與心情上？這可能包括沉思、作白日夢、推測、幻想、執迷、憂心。

你有多常感到悲傷、沮喪、感覺快受不了了或憤怒？

　　在所有類別中，就這個類別需要你好好推測一下，你花了多少時間在你的思想與情緒上頭。寫下這些：

1）反覆出現的思想，以及伴隨而來的感覺

2）你被這些思想與情緒影響的時間量

例子：

- 沉思你失去的客戶

  每週5次，每次30分鐘＝2.5小時

- 執迷於升遷的事

  每週5次，每次1小時＝5小時

- 想像度假

  每週6次，每次10分鐘＝1小時

8. 非平常之事

　　這個類別讓你有機會納入任何未列入前面類別的事，或是季節性質的事，或是非平常之事。任何占用你的時間，但未列入前面七個類別中的事務或活動，都可以放在這個類別，例如搬遷、買房子、家人過世、換工作、處理醫療事務如看醫生、為生病的鄰居代買雜貨等。寫下這些：

1）任何未列入前面類別的事，或是季節性質的事，或是非平常之事

2）你花了多少時間做這件事

例子：

- 購車

　　週末花4小時＝4小時

- 背傷復健

　　每週3次，每次1.5小時＝4.5小時

填寫你的時間淨化表單

你已經對每個類別有所了解，接下來，請你花點時間填寫這些活動和你花用的時間量。本章稍後，我會教你如何計算你可以節省下來的時間，你會繼續用到這份表單。

上網下載時間淨化系統電子版表單

時間淨化表單

我的承諾聲明：

_____

_____

_____

我的為什麼：

_____

_____

_____

1. 科技	我每週奪回多少時間？	小時

例如：查看線上新聞、臉書、推特、Snapchat、Instagram，以及其他的社群媒體、遊戲和應用程式等。

列出你的情形：

_____

_____

2. 人	我每週奪回多少時間？	小時

例如：家人、朋友、泛泛之交、同事、同業等。

列出你的情形：

_____

_____

3. 地	我每週奪回多少時間？	小時

例如：健身房、家裡、辦公室、咖啡店、餐廳、購物商場、超市等。

列出你的情形：

_____

_____

4. 物品	我每週奪回多少時間？	小時

例如：研究、購買、清理和保養衣服、鞋子、手表、車子、收藏品、小裝置等。

列出你的情形：

_____

_____

5. 活動	我每週奪回多少時間？	小時

例如：看電視、看電影、運動、從事嗜好、觀看運動比賽、做料理、外出和朋友吃晚餐或喝酒等。

列出你的情形：

_____

_____

6. 職業領域的互動與活動	我每週奪回多少小時？	小時

例如：出席會議、安排你的工作、管理員工、和同事或廠商談話、打雜、接銷售電話、出差等。

列出你的情形：

_____

_____

7. 思想與情緒	我每週奪回多少時間？	小時

例如：沉思、作白日夢、推測、幻想、執迷、憂心等。

列出你的情形：

_____

_____

8. 非平常之事	我每週奪回多少時間？	小時

例如：家人過世、搬遷、買房子、換工作、處理醫療事務如看醫生、為年老的鄰居代買雜貨等。

列出你的情形：

_____

_____

總計每週奪回時數：	小時

這些事對你有益或有害？

　　辨識了你把時間花在何處、如何花用之後，接下來是針對「時間淨化表單」上八大類別中的每一項，回答下列這個時間淨化思考問題：

「這對我的幸福與成功有益或有害？」

　　逐一檢視「時間淨化表單」上每個類別中的每個項目，若你覺得這個項目對你有益（可以提升你、幫助你、支持你，推動你向前），請把它圈起來（○）；若你覺得這個項目對你有害，請把它框起來（□），這些是拖累你、阻礙你，對你沒有幫助的項目。

　　請誠實地回答，縱使某個項目只有一點點毒素，也要給予方框，這未必指你將必須完全拋棄它，但是，一點點毒素可能累積成遠遠更大的汙染。我將在下文中，教你如何進一步評估這些。

5步驟，作出困難選擇

　　檢視每個類別時，大多數的項目可能很明顯地可以辨別有益或有害（例如，每晚看電視三個小時，或是每週花七個小時看臉書），其他項目可能需要多些考慮來判別它們對你的幸福與成功的影響。對於那些比較難判斷的項

目，請參考黛安的例子：

　　你的老友黛安是個好心腸的人，但她總是只談論人事物的負面，這些談話對你的生活沒什麼益處，充其量只是讓你欣慰於你能夠支持和幫助你的這個朋友，這符合你的價值觀，而且，你也不想表現出你不支持她，那似乎會顯得你自私。況且，你想要陪伴、支持其他人。但問題是，情況似乎沒有任何改善，一而再、再而三地，她只是想沉浸於談論人事物的負面。

　　若你的生活裡，有一號像黛安這樣的人物，請思考這些：

1. 你和他／她相處時，以及之後，你的感覺如何？
2. 你花在他／她身上的時間，令你感覺像是一種義務嗎？或是一種相互有益的分享體驗？
3. 辨別你們之間的互動，屬於下列何者：

　• **正面／有益**。能夠帶來歡樂、啟示、激勵、熱情、連結、交流、樂趣、心靈能量、精神振作；使你感覺更好、更有意義。你和他／她相處的時間帶來益處，令你感覺很好，提振你，創造了美好的回憶。

　• **負面／有害／有毒**。總是令你感覺消耗精力、疲憊、激動、難過、沮喪、煩擾、憤怒、愧疚、丟

臉、心生防備、貧乏、沉溺、失控、猜疑、被貶低、被限制。你是否感覺你在浪費你的時間？

4. 製作一張簡單的利弊清單，以排除情緒因素。在這張表單上畫出一條垂直中線，左欄列出利項，右欄列出弊項。訂定五分鐘的時間，寫出這些。

5. 現在，評估你的回答 —— 它們對你有益或有害。這將清楚指引你的決定，採取適當行動。

　　這五步驟流程可被用於作出困難選擇；可被用於你面對的任何行為、活動、習慣、人、地或事物；可幫助你釐清一個項目對你有益或有害（你可以使用這五個思考步驟，也可以挑選其中一、兩個能夠幫助你釐清的思考步驟。）

透過去除汙染物，奪回你的時間

　　檢視了你的生活的各個領域，判斷完哪些活動對你有益或有害，接下來，我要教你如何把有害的時間，轉變成幫助你達成你最重要的目標的有益時間。為此，你將對那些被你框起來的有害項目作出下列選擇之一：

1. 接受
2. 拒絕
3. 去除

我們逐一了解這些選項，以幫助你作出選擇。

1. 接受

接受，概念上簡單，但可能得作些評估，判斷「接受」是不是個適當選擇。你衡量了成本，知道這是一項有害的活動，但你仍然有意識地選擇目前不移除它。

這其中可能涉及許多因素。當你選擇這個有害活動作為你生活的一部分時，意味的是你已經考慮了移除它或改變它的利弊，判斷現在可能不是處理它的適當時間點。可能它太牽涉情感；可能它跟其他東西有關，你必須連帶處理；或者，移除或改變它，會讓你太難以承受。

不論什麼理由，請仁慈地對待自己，並且在你接受的過程中留神。

透過這個新的覺察過程，你現在選擇接受維持現狀，不想作出改變（這也意味著你不再發牢騷抱怨。）放棄這些期望，讓你擺脫汙染物對你的控制，但未必意味汙染物已經完全消失。

一個很好的做法是，每隔三十天，再次檢視你先前選擇接受的每個汙染物，重新評估，看看它的面貌和感覺。覺察是淨化流程的一個持續部分，隨著回頭檢視是否有了什麼改變，你的技巧將會愈來愈嫻熟。

　　但務必確定你是選擇接受，不是容忍。容忍是一股本身會產生毒素的暗流，它產生的毒素形式是怨恨與緊張。容忍是一種應付技巧，歷經時日，將會產生極大的心理成本。

　　舉例來說，你和你的岳母關係不是太好，你覺得和她相處的時間非常不愉快。她總是質疑你的職業選擇，對你作出揶揄的評價，而且經常當著他人面前這麼做，沒完沒了。每次結束家庭聚餐，離開她家之後，你感到垂頭喪氣，對自己的職業選擇心生懷疑。雖然你有此察覺，你仍然決定接受她就是這樣的人，認為她不是針對你，因為她對人人都是如此。經過評估，你認為支持你的太太，並且讓你的女兒能夠和她的外婆相處，這些更為重要。

2. 拒絕

　　在時間淨化流程中，當你決定拒絕某個項目時，意味的是，你已經考慮了改變你和有害行為、活動、習慣、人、地或事物之間目前關係的利弊。你決定，把這段關係從目前有害的情況，變成有益的情況。

　　有三條途徑可以把有害的項目改變成有益的項目，我在上一章介紹過其中兩條途徑，在此回顧，並且加上另一條途徑。

　　1）時間量和時間點。改變你和汙染物互動的時間

量，以及互動的時間點。

　　以第 4 章提到的例子來說，你認知到，每天花一小時在臉書上閱讀或貼文，花太多時間了。你喜歡瀏覽臉書，但你認知到每天花一小時看臉書，實際上對你的幸福與成功是有害的，把時間量減少為 30 分鐘，就可以把這項活動變成對你的生活有益。

　　使用相同的例子，你發現，你一天當中有多次上臉書的時間點，是你應該專注於工作活動的時間點，把上臉書的時間點改變為你的午餐休息時間，這對你的工作生產力有益，同時有一個專門時段，讓你能夠不受干擾地享受看臉書的樂趣。

2）**改變關係**。決定你想和這汙染物建立怎樣的新關係。

　　舉例而言，你很愛你和你的姊姊之間的關係，但她總是愛抱怨她的工作，你們每次的談話內容主要都是這些。你決定和她談談她的負面，和她討論如何創造一個雙方都能夠更快樂、更具支持性的新關係。

決定你要如何調整你的時間使用方式之後，請把它寫在你的「淨化時間表單」上。下列是兩個例子：

- 閱讀新聞饋送

  每週7次，每次1小時＝7小時

  減半為每天30分鐘

  奪回時間＝每週3.5小時

- 上臉書

  每週7次，每次30分鐘＝3.5小時

  減半為每天15分鐘

  奪回時間＝每週1.75小時

3. 去除

　　在時間淨化流程中，最決絕的決定就是去除某個項目，這意味的是，你已經評估過這個汙染物的利弊，判斷你的時間、努力和福祉成本太高了，不能只是接受或拒絕，必須完全去除。評估這個項目時，你了解到，去除它將讓你奪回時間與精力，以更有益的方式使用它們。必須指出的一點是，並非所有的去除都必須是永久的，一旦你回到正軌，適當時，你可以用更均衡的方式，重返你先前去除的某個項目。

　　我們來看看一個去除的例子。

　　你在下班後去外面社交喝酒的頻率愈來愈高，這是有趣的活動，你很喜歡，但你有一種「一不做，二不休」的

性格，一旦去了，就待到很晚。這開始給你帶來麻煩，你
的睡眠不正常，體重增加，感覺健康狀況不如你的期望，
甚至連你的工作也開始受到影響。你判斷這項活動對你帶
來的成本太高了，必須從你的生活中去除，恢復更健康的
生活型態。

　　下列是如何把這項去除決定寫入你的「淨化時間表
單」的例子：

- 下班後去喝酒
  每週3次，每次3小時＝9小時
  去除＝每週奪回9小時

去除流程的訣竅

1. 在內心向你即將去除的項目致謝。你將去除的這個
   項目曾經支持過你，使你受益，或是教了你什麼，
   你應該感謝這一點。你也應該肯定自己的成長，因
   為你現在看出這項行為、活動、習慣、人、地或事
   物，不再對你的幸福與成功有益，該是揮別它的時
   候了。

2. 你必須盡快採取去除行動，以免你後悔卻步或心生
   害怕。所以，計畫你的行動，堅持下去。

　　你已經了解接受、拒絕和去除這三者的差別，現在，把你對每一個類別中的汙染項目作出的接受、拒絕或去除決定呈現於你的「時間淨化表單」上，填入你將作出的改變。下列這張表格是一個例子。

1. 科技	我每週奪回多少時間？	6　小時

看新聞
每週5次，每次1小時＝5小時
減半為每天30分鐘
奪回時間＝每週 2.5 小時

上臉書
每週7次，每次1小時＝7小時
減半為每天30分鐘
奪回時間＝每週 3.5 小時

在網飛追劇
每週2小時

　　對時間淨化表單上所有被框起來的項目，逐一作出接受、拒絕或去除的決定，並且填入拒絕或去除的改變之後，把每個類別奪回的時間加總，寫出每個類別每週奪回的總時數，再把八個類別奪回的時數加總起來，在表單最下方填入每週奪回的總時數，這就是你可以奪回的時間！下表是完成奪回時間統計後的表單例子。

史蒂芬的簡化時間淨化表單		
1. 科技	我每週奪回多少時間？	4小時
2. 人	我每週奪回多少時間？	4小時
3. 地	我每週奪回多少時間？	0小時
4. 物品	我每週奪回多少時間？	0小時
5. 活動	我每週奪回多少時間？	6小時
6. 職業領域的互動與活動	我每週奪回多少時間？	5小時
7. 思想與情緒	我每週奪回多少時間？	2小時
8. 非平常之事	我每週奪回多少時間？	0小時
	總計每週奪回時數	21小時

早出晚歸的派特

我的客戶派特三十出頭，過去是個非常努力的職業運動員，後來進入保險業，是個成功的主管。我開始輔導他時，他很清楚自己想要什麼，也決心達成。他想改善他的私人生活和他的事業，在私人生活方面，他想要更多和家人（他的太太及孩子）相處的時間，也希望恢復身材，減去這些年來陸續增加的7公斤。事業方面，他希望他的事業和所得成長，把他的事業推進至下個層次。這些是他未來一年的目標。

　　我們開始合作時，我發現派特通常每天很早展開一天的工作，很晚才休息。他的理念是比任何人都努力，這樣的理念雖好，但並沒有為他投入的時間帶來他期望或想要的回報，他開始感到疲勞。

　　派特經常在晚上七點後才回到家，整個人累癱在電視機前，孩子和太太都希望獲得他的關注，但已經精疲力盡的他，根本沒有精力再好好陪伴他們。他知道，不能再這樣下去了。我帶他展開時間淨化流程，他是個幹勁十足的人，但若不檢視他的時間花用情形，不可能實現他想要的改變。我們展開時間淨化流程之初，他告訴我：「我天天都覺得時間不夠用。」

　　派特需要對他和時間的關係有更好的了解，他以往的心態相同於絕大多數的人：他相信時間不是他能控管的，時間稀有，他必須善加管理。結果，他總是在和時間拔河，恆常處於時間壓力之下，導致極度疲憊與沮喪。他對多工作業上了癮，試圖面面俱到，做到一切。

　　派特告訴我，他感受到的時間壓力，有很大部分源於他認為必須在傍晚六點前回到家，和家人共進晚餐、相處，因為他認為這是當個好先生及好父親應該做到的事。這個理念是導致他產生壓力與憂慮的恆常原因。

　　我告訴他，他有價值觀衝突的問題，他的壓力與焦慮

全部導因於這一點，所以，我們必須先檢視他的價值觀，做價值觀校準流程。我幫助他重新校準價值觀之後，他了解到他的事業與家庭的重要性，他必須在事業上成功，才能支撐他的家庭。

他最重要的「為什麼」是：他必須成為優秀的支柱，保持身材與健康，才能長期支撐他的家庭。產生這項新校準之後，派特和他太太討論他們的時間安排、他的價值觀，以及他對她和孩子的承諾。當他向太太解釋，他經常為了準時回家而憂慮時，他太太的包容與理解，令他感到驚訝。他們很快就安排出一個對他倆都可行的時間表，現在，回到家之後，他仍然有足夠的精力當個好先生與好爸爸，和家人相處時，他能夠融入其中，臨在當下。

我繼續輔導他，幫助他了解他是時間的主人，他的選擇決定他把時間投資於何處。覺悟這點之後，派特很快就擺脫了他恆常感受到的時間壓力。同等重要的是，他轉變為時間效能心態 —— 專注現時，開始把時間視為能夠幫助他有更好表現的盟友。

接下來，我指導他一些效能技巧，包括冥想和正念原則。我請他以冥想練習展開一天，很快地，他變得更專注，不再那麼被動，這進而使他在生活的每個領域，對時間的使用作出更好的選擇。

現在，他有目的地展開每天的生活，聚焦於他的優先要務，這些優先要務背後有明確的意圖。他很清楚他這一天想要達成什麼，並且留神地去執行它們。

我提醒派特：「你是時間的主人，你掌控它，時間是你的僕人。」

接著，我們檢視他的「時間淨化表單」上的每個類別，思考每一項活動對他的幸福與成功是有益或有害的。我們在他的事業活動中，發現了很多汙染物，也發現他浪費很多時間查看新聞，花太多時間觀看網飛。

派特認知到，他可以改進他的銷售電話技巧，提升他和現有客戶與潛在客戶交談時的成效與效率。我指導他如何改進與客戶溝通，建立明確的期望。

接下來，我們對合適的潛在客戶類型作了優先順序排列，以免他浪費時間在感覺良好、但實際上不會創造生意的客戶洽談上。他也把許多面對面的客戶洽談改成電話洽談，把45分鐘的商談縮減為30分鐘，把30分鐘的商談縮減為15分鐘。

對派特幫助最大的工具是建議他為每通電話設定計時器，讓他能夠控管時間，這是改變的一大關鍵，這個新的客戶洽談策略，幫助他馬上每天奪回兩小時。

我們來看看派特的時間淨化表單。

派特的時間淨化表單

我的承諾聲明：
我將致力於在今年內使我的銷售業績成長 20%，重建生活平衡，提升和我太太與孩子相處時間的品質，把體重減掉 7 公斤。

我的為什麼：
保持健康、有活力，成為我的家庭的強健支柱，透過我的工作對世界作出貢獻。

1. 科技	我每週奪回多少時間？	4 小時

閱讀新聞饋送和看臉書
- 每週 6 次，每次 30 分鐘＝ 3 小時
- 減半為每天 15 分鐘
- **奪回時間＝每週 1.5 小時**

觀看網飛／電視
- 每週 5 次，每次 1 小時＝ 5 小時
- 減半為每天 30 分鐘
- **奪回時間＝每週 2.5 小時**

在 YouTube 上觀看運動影片
- 每週（週末）3 小時＝ 3 小時

2. 人	我每週奪回多少時間？	5.5 小時

馬克（同事）
- 每週 5 次，每次 1 小時＝ 5 小時
- 減半為每天 30 分鐘
- **奪回時間＝每週 2.5 小時**

蘇珊（同事）
- 每週 3 次，每次 1 小時＝ 3 小時
- 去除，讓別人管理她
- **奪回時間＝每週 3 小時**

約翰（同事）
- 每週5次，每次30分鐘＝2.5小時

鮑伯（朋友）
- 每週3小時＝3小時

3. 地	我每週奪回多少時間？	0小時

咖啡店
- 每週8小時＝8小時

健身房
- 每週2小時＝2小時

家裡
- 每週7次，每次和家人相處7小時＝49小時

4. 物品	我每週奪回多少時間？	0小時

保養車子
- 每週2小時＝2小時

5. 活動	我每週奪回多少時間？	5小時

在家工作
- 每週5次，每次1小時＝5小時
- 去除，別把工作帶回家
- **奪回時間＝每週5小時**

下班後和客戶喝酒
- 每週1次，每次2小時＝2小時

參加孩子的運動比賽
- 每週2次，每次2小時＝4小時

晚上和太太約會
- 每週5小時＝5小時

6. 職業領域的互動與活動	我每週奪回多少小時？	8.5小時

打雜
- 每週2次，每次1小時＝2小時
- 減半為每週1小時
- **奪回時間＝每週1小時**

和客戶通電話
- 每週5次，每次3小時＝15小時

和客戶會面
- 每週5次，每次3小時＝15小時
- 減半為每天1.5小時
- **奪回時間＝每週7.5小時**

銷售會議
- 每週5次，每次1小時＝5小時

文書作業
- 每週2小時＝2小時

7. 思想與情緒	我每週奪回多少時間？	2.5小時

擔心業績
- 每週5次，每次1小時＝5小時
- 減半為每天30分鐘
- **奪回時間＝每週2.5小時**

8. 非平常之事	我每週奪回多少時間？	0小時

裝修房子
週末4小時＝4小時

	總計每週奪回時數：	**25.5小時**

　　派特在做時間淨化時的一個意外收穫是，他一直都想要擁有自己的事業，但從來就不相信自己能夠做到或有時間去做。執行時間淨化原則之後，他發現了新的可能性。派特奪回他的時間之後，看到情況改變，他的重大突破發生於當他決定自行創立一家顧問公司時。他把奪回的時間撥出十幾個小時，重新投資於自己的品牌和事業，架設了一個網站，製作標誌、內容和各種素材，不到六十天，就開設了他的顧問公司，現在他的事業仍在持續成長中。

　　最終，時間淨化為派特帶來了自由。他沒想到，做了時間淨化竟然會拓展他的眼界，使他創立自己的事業，自己當老闆，當家作主決定和誰共事。最重要的是，他在收入提高的同時，有充裕時間和家人相處。

　　檢視派特的「時間淨化表單」，你可以看出這套流程簡單明瞭。學習如何評估每個淨化類別，仔細檢視你如何使用你的時間，你將開始透過時間透鏡來看每個活動，幫助你在運用時間上作出更好的選擇。

　　好了，恭喜你完成了你的初次時間淨化流程，你已經開始掌握、啟動很棒的均衡器 —— 時間 —— 來幫助你。

　　時間淨化系統的優點之一是，你可以隨時隨地使用它，繼續改進你的時間效能，次數隨你所需。

　　我能給你的最重要忠告是：

時間只有一個，那就是現在；
方向只有一個，那就是向前。

下一章將教你如何用你已經學到的東西為基礎，開始
聚焦於如何把你奪回的時間轉投資，在對你而言最重要的
領域獲致最大成果。

第 6 章

重新投資你的時間

重點不是花用時間，而是投資時間。
—— 史蒂芬・柯維（Stephen Covey）

恭喜！你剛才的努力，已經幫你奪回你最寶貴的資產 —— 時間！

接下來該用你新奪回的時間來創造收穫了。重點是，你如何轉投資這些時間，何時投資、重新投資於何處或誰身上，以幫助達成你致力於達成的目標？就如同當你投資你的金錢時，你希望獲得最高報酬，你也應該從相同角度來思考你的時間投資，亦即力求獲得最高的時間報酬。

為了獲得最高的時間報酬，我們得先知道事業與生活中帶給你最高時間報酬的活動。下列是我的前十大時間報酬活動：

1. 企業訓練課程

2. 效能研究

3. 上健身房運動

4. 規劃我每天和每週的目標及意圖

5. 演講和專題報告

6. 練習冥想

7. 指導我的事業團隊

8. 晚上和我的女友約會

9. 和朋友聯絡

10. 立式划槳運動

現在，請你列出你的最高時間報酬活動：

我的高價值時間報酬活動：

1.＿＿＿＿＿＿＿＿＿＿＿＿＿＿＿＿＿＿＿＿＿＿＿＿＿

2.＿＿＿＿＿＿＿＿＿＿＿＿＿＿＿＿＿＿＿＿＿＿＿＿＿

3.＿＿＿＿＿＿＿＿＿＿＿＿＿＿＿＿＿＿＿＿＿＿＿＿＿

4.＿＿＿＿＿＿＿＿＿＿＿＿＿＿＿＿＿＿＿＿＿＿＿＿＿

5.＿＿＿＿＿＿＿＿＿＿＿＿＿＿＿＿＿＿＿＿＿＿＿＿＿

6.＿＿＿＿＿＿＿＿＿＿＿＿＿＿＿＿＿＿＿＿＿＿＿＿＿

7.＿＿＿＿＿＿＿＿＿＿＿＿＿＿＿＿＿＿＿＿＿＿＿＿＿

8. _____

9. _____

10. _____

你的時間值多少？

　　列出你的高價值時間報酬活動之後，請思考你的一小時對你的價值，以及你可以用這一小時來達成什麼？考慮你每天在工作和私人生活中的活動，辨識你可以委任或雇用他人做哪些活動，讓你能夠取回寶貴時間。

　　對我而言，一小時的指導或演講（這些是我熱中的事），價值遠遠高於把一小時花在取回我的乾洗衣物或跑腿上，所以我雇用一位助理為我做跑腿的事，基本上就是「買回」時間。

　　在決定把你奪回的時間重新投資於何處時，你也可以思考是否值得委任或雇用他人，好讓你騰出一小時的時間給價值更高的事務或機會。

買時間能夠增進快樂

　　想要獲得更多的快樂嗎？試試買回你的時間。研究人員調查居住於美國、加拿大、丹麥、荷蘭的六千多人後發

現，當個人花錢於節省時間的服務，例如：清掃住家、為庭院割草等，他們的生活滿意度提高，甚至比他們購買物質時還要高。研究人員的結論是，買時間能夠減輕時間壓力，提升生活品質。[1]

時間複利效應

當你把時間投資於校準你的為什麼、價值觀、目標，以及對你的成功有助益的活動上時，將發生複利效應，促進你生活的其他部分改變。舉例而言，每天運動一小時，提升你的體適能和精力，進而提高你的工作生產力，也加強你對自己的外貌的信心，以及你和家人相處時的活力。和你的孩子相處一小時，能夠使他們更加感覺到自己的重要性，這將使他們在許多生活領域變得更有自信。多睡一小時，可以改善你的工作效能和整體的活力。

所以，重點不只是時間，是你如何運用你的時間。只要一小時，就能在你的所有生活領域創造正面的複利效應。

我有個客戶彼得，是一家大型廣告公司的營運長，成為我的客戶已有幾年，最近結了婚，女兒剛出生。有一天，他來我的辦公室，整個人看起來精疲力盡。「史蒂芬，」他說：「我沒有時間……我擠出來的每個小時，都用來照顧我的女兒了。我根本沒有自己的時間。」

　　下列是他做時間淨化時獲得的發現。開始做時間淨化之後，他馬上發現，他已經好幾年沒有思考過他工作時間的效率與生產力。他認知到的第一個汙染物是，他的會議太多了，因此他把花在會議上時間刪減，每週奪回4小時。接著，他把一些已經變成一種無意識的習慣，他其實已經不再需要的基本辦公事務委任給別人，這讓他每週奪回3.5小時。最後，他停止親簽支票，他說他做這件事做了二十年，這又讓他每週奪回2.5小時。所以，他總計每週奪回10小時，一年奪回520小時，等於一年奪回21.6天。

　　彼得興奮地告訴我，他重新投資這些時間的做法是週五不上班了，花半天時間帶他女兒去海灘玩及做其他有趣的活動，剩餘時間則是看看書，或是做更多的山地自行車運動，以改善他的體能。

　　彼得開始花較多時間和女兒相處之後，正面效益馬上出現。他感覺和女兒更親近，更快樂，也對父親的角色更有信心。這大大改善了他每天的生活面貌，他的身材也變得更好，運動和戶外活動的增加，使他變得更有活力，心智更清澄。把時間重新投資於提升工作效能，獲得更均衡、壓力減輕、更有趣的整體生活，大大改善了他的生活品質。

我的自我探索之旅

　　有段期間，我一直思考著改變我的職業，換個能讓我對這個世界作出更大影響的職業。我心裡其實已經作了決定，但是拖了幾個月，還是沒能付諸行動。事實是，我害怕充分投入，付諸實行。

　　我的一位良師益友給了我建議，他告訴我，美洲原住民的傳統靈性之旅 —— 靈境追尋（vision quest），或許能幫助我發現究竟是什麼絆住了我的前進腳步。靈境追尋是一種去偏僻孤寂地獨自省思的旅程，你在過程中和自己的心靈再度連結，可以為你提供洞察，幫助你尋找你的人生意義與方向。我在害怕中報名了。

　　抵達丹佛機場時，我得知總共有六個人參加這次的靈境追尋活動。我們驅車向西走了將近一百公里，進入一個山區，開上一條泥路，向上攀行，到達座落於海拔兩千一百多公尺高的一間木屋。木屋的門打開，一名約152公分高、一頭烏黑間雜灰色長髮的女性走了出來，她是美洲原住民女巫醫瑪莉琳・楊・柏德（Marilyn Young Bird），是美國原住民阿里卡拉族和希達薩族（Arikara and Hidatsa Nations）的一員。她和我握手說：「我在等候你的到來。」我有點納悶，只有我，其他人呢？她將是我

們接下來一週的嚮導，我當下就知道，在這座山裡，將會發生特別的事。

　　我們開始搭設帳篷，接下來一週，我們要睡在帳篷裡。我生長於芝加哥，以前從未搭過帳篷，甚至從未露營過。我笨拙地嘗試搭設我的一人帳篷時，瞥見地上有個動物的腳爪印，走近仔細查看，心想：「天啊！這不是狗或鹿的腳爪印，看起來像是熊爪印！」我開始不安地想著，我恐怕要命喪這有熊出沒的山區了。

　　我馬上衝進木屋問：「瑪莉琳，這裡有熊嗎？」

　　她看著我，平靜地說：「有。」

　　她面露微笑，對我說：「過來這裡。」她通過狹窄的廚房，帶我走到屋那頭的窗邊。當我看到窗外九英尺高的小丘上，有兩個大大的腳爪印時，我的心往下沉。「有，」她說：「牠們一直都在，經常來訪。」

　　我非常驚慌地往回走，說：「我在外頭時，若碰上熊，該怎麼辦？」

　　她說：「喔，若你站著或坐著，那就感謝熊出現，向牠祈禱。」

　　聽到這話，我覺得她一定是瘋了！她解釋，對美國原住民來說，熊代表醫治疾病的強大力量，若熊現身，那是最高榮顯之一。聽到這解釋，我無言了。我回頭繼續把帳

篷搭好，但忍不住繼續想著熊，滿腦子都是熊。

　　過了兩天，都沒見到熊的蹤跡，靈境追尋在汗屋（sweat lodge）展開。汗屋基本上就是用天然材料搭蓋的圓頂或橢圓頂小屋，主結構用樹枝構成，再覆蓋上毯子，有時覆蓋獸皮。在汗屋舉行的儀式可稱為「淨化儀式」，或簡單稱為「出汗」，這淨化流程是要讓你的身心為你前往山裡的靈境追尋做好準備。

　　他們在汗屋旁邊生起火堆，把火山岩塊燒燙後，不時地把岩塊移到汗屋的中央位置。我們六名學員圍繞這些燒燙的岩塊而坐，坐在我旁邊的瑪莉琳開始吟唱，汗屋內黑漆漆的，熱氣使我感覺我的皮膚好像被剝了下來。瑪莉琳吟唱時，汗屋炙熱到令人難耐，我掙扎於穩定我的身心，一直試圖和熱氣對抗，最後終於受不了了，放棄掙扎。一放棄掙扎，我馬上就開始感覺涼快了點，感覺彷彿進入了時間暫停之境。將近三小時後，我們才從汗屋出來。

　　更換衣服後，我背起行囊和帳篷，前往我預先選擇的山區地點，繼續我的靈境追尋。我們六個人各自在山裡的不同區域選擇了自己的據點。我在抵達了我的據點之後，在地上把我的祈禱結布置成一個圓圈。這些祈禱結是在展開靈境追尋之前製作的，把菸草放在各種顏色的小方布中央，再把每塊方布紮起來，形成一個小包，再用一條繩

子，把這些小包以等間距方式，串連起來，形成一長串的祈禱結。傳統上，祈禱結總計要製作405個，串起來之後，擺在地上形成大約直徑3公尺的圓圈。

我步入圓圈裡，接下來幾天，我要待在這個圓圈裡，不吃不喝。我從中午開始，感覺滿不錯的，我安靜地祈禱，然後，天色漸漸暗了。我開始想到熊，我開始聽到夜裡的聲音：鳥獸到處移動。天色暗到伸手不見五指，我開始擔心熊會找上我，我再也受不了，便躲進帳篷。

這其實滿可笑的，因為帳篷其實給不了什麼保護，進帳篷躲熊尋求庇護，其實是心理作用下的概念。我聽到各種動物移動的聲音，我睡得不安穩，睡睡醒醒，直到清晨四點半左右完全醒來。天亮時，我感到安全了，可以出帳篷了，走到外面，再步入我的圓圈中，繼續做我的冥想與祈禱。

坐在地上，看到日出，我祈禱並省思我的人生中發生過的種種。

靈境追尋聚焦於和自己連結，認真檢視你的生活從裡到外的每個層面。汗屋儀式和斷食結合起來，創造出一種覺察狀態，讓你檢視你人生中的高低起伏、轉折點、成功與失敗、快樂與悲傷時刻。你檢視你的核心信念和你生活的世界，它們支持你，抑或和你背道而馳？你信任，抑或害怕？

你是誰，你的人生朝往什麼方向？你檢視你目前的恐懼，以及它們的源頭，它們真確嗎？抑或你可以放下它們？

你檢視你目前的關係，包括那些健康、有益的關係，和那些可能有害的關係。你回想自己把時間花在誰身上，檢討你和父母之間的關係，檢視你從他們那裡承繼了什麼理念，判斷這些理念是否健全，抑或需要作出改變。歷經這段省思過程，你寬恕自己，也寬恕他人（若有必要的話）。

你可以用你感到自在的方式祈禱與冥想，感恩你人生中發生的所有事 —— 甚至是那些痛苦與艱辛的事。感謝你的身體、大自然和造物主，你對一切全都感恩。最重要的是，你思考你的人生，你是誰，你的人生目的，你致力於在你的人生中擁有什麼和創造什麼？在這段思考過程中，你讓洞察和智慧自然浮現。

到了太陽完全升起時，我已經感到平靜且安全，其實我對熊的恐懼已經完全消失了，我已經度過黑夜。第二天似乎過得更快了，但是太陽開始下山時，我的恐懼再度升起，而且比先前更加強烈。我繼續坐著祈禱，天空一片漆黑，只有星星點綴。

開始下起大雨，夾雜著閃電和打雷。這下子，我要擔心的，除了熊，又多了暴風雨。就在我以為情況不能更糟之際，我聽到響亮的爆裂聲，伴隨而來的是非常亮眼的閃

電，十五公尺外的一棵樹被閃電擊中，聽起來像炸藥爆炸的聲音。我再也受不了了，這已經達到我的極限，我必須回到我的帳篷 —— 如同子宮般，我的安全地。

進了帳篷，我很快就入睡，而且睡得很沉。睡夢中，我聽到耳邊有兩個聲音，一個聲音說：「起來，史蒂芬，起來，去外頭面對你的恐懼，去外頭祈禱，你可以做到的。」另一個聲音說：「別出去，你不需要出去，待在這裡，這裡很安全。」這兩種聲音來來回回爭論著，直到我坐起身，清醒。

那是我的明晰時刻，我坐在那裡，思考來到山上的這幾天，納悶我為何會害怕熊，我對熊到底有何看法？瑪莉琳不怕熊，為什麼我會怕熊？

我突然頓悟。我開始回想我的人生，看出我之前的種種害怕，其實都不是真的。我突然悟覺，恐懼絆住了我。我現在能夠非常清楚地看出這點，這一刻，我擺脫了那些跟我的不實舊觀念有關的有害思想與情緒，我感覺強烈的平和感沖洗我，使我和大自然融合。

我步出帳篷，開始再度祈禱，這回內心完全清澄，不再擔心熊。擺脫恐懼之後，我更深入省思以前的那些恐懼如何導致我浪費那麼多時間，和我的真正目的脫節，那些恐懼如何導致我癱瘓，阻止我採取行動前進。我現在知

道，我真心想以更顯著的方式幫助更多人，幫助他們充分發揮潛能。

我開始想像我接下來的人生，我將做什麼，周圍環繞著怎樣的人，我的世界將是怎樣的面貌。我在腦海裡描繪一幅圖 —— 我想要的種種，我必須開始把我的時間、精力與焦點轉投資於何處。我終於準備好揮別過去，現在，我感覺有足夠的信心去追求我的未來。

翌日，從山上下來，再度進入汗屋。不過，這回不再炙熱了，大家圍聚，分享願景，抽和睦菸斗，吃天然食物。我已經準備好開始過新的生活，以我真正的目的為指引，投資我的時間，擺脫以往的恐懼。

啟示
• 一剎那可以改變你的人生軌跡。
• 停下腳步，省思，能夠幫助你向你的真正目的敞開心胸。
• 恐懼可能是通往新的可能性的門徑。
• 願意面對脆弱，將使你和你人生中最重要的東西連結起來。
• 你的過去，未必就是你的未來。

現在，就開始重新投資你的時間

　　現在，你該決定把所有奪回的時間重新投資於何處，以支持對你而言真正重要的東西，這是你做時間淨化流程的真正目的。在此提醒你，在思考重新投資你的時間時，使用你的承諾聲明（「我將致力於……」）作為你的指引。

　　在「時間報酬表單」上，有十二個類別供你決定把你的時間轉投資於何處。這十二個類別是：

1. 事業／工作
2. 家庭
3. 人際關係
4. 健康與體適能
5. 休閒
6. 旅行
7. 個人發展
8. 靈性發展
9. 發展嗜好或新技能
10. 慈善活動／回饋
11. 睡眠／復元／放鬆
12. 其他

先從明顯能夠支持你達成你在承諾聲明中陳述的目標

的類別著手。

- 可能是你的家庭，因為你想和你的另一半或孩子相處更多時間。
- 可能是你的健康，因為你想更常上健身房，改善你的身材。
- 可能是投資於成長你的事業。
- 可能是投入更多時間於你喜愛的慈善活動。

　　不論你決定要把時間重新投資於何處，重點是做出承諾，並且把它寫下來。當你開始重新投資你奪回的時間，你隨時可以根據需要，對你轉投資的時間作出調整。現下最重要的是，作出你將如何使用奪回的時間的決定。

　　還記得上一章提到的那位保險業主管派特，和他經歷的時間淨化流程嗎？我們來看看他的時間報酬表單，看他如何重新投資他奪回的時間。

派特的時間報酬表單

我的承諾聲明：

我將致力於在今年內使我的銷售業績成長20％，重建生活平衡，提升和我太太與孩子相處時間的品質，把體重減掉7公斤。

我的為什麼：

保持健康、有活力，成為我的家庭的強健支柱，透過我的工作對世界作出貢獻。

每週總計可轉投資的時數：25.5小時

1. 事業／工作　　　　　　　　　每週轉投資時數：10小時

- 發展及創立自己的公司
  每週一、三、五各3個小時，以及在任何時候多出來的空閒時間

2. 家庭　　　　　　　　　　　　每週轉投資時數：6小時

- 坐下來好好和家人共進晚餐
  每週一、三、五，傍晚六點，各1小時
- 和家人及孩子相處
  每週五花半天時間 ──3小時

3. 人際關係　　　　　　　　　　每週轉投資時數：0小時

- 沒有改變

4. 健康與體適能　　　　　　　　每週轉投資時數：3小時

- 上健身房運動
  每週一、三、五，早上五點半，每次1小時

5. 休閒　　　　　　　　　　　　每週轉投資時數：2小時

- 健行
  每週一次，2小時（彈性安排，每週找一次中午前空閒的一天）

6. 旅行　　　　　　　　　　　每週轉投資時數：0小時

- 沒有改變

7. 個人發展　　　　　　　　　每週轉投資時數：2小時

- 閱讀事業發展主題的新書
  每晚睡前一小時，閱讀20分鐘

8. 靈性發展　　　　　　　　　每週轉投資時數：1.5小時

- 練習冥想
  每天早上五點，做20分鐘

9. 發展嗜好或新技能　　　　　每週轉投資時數：0小時

- 沒有改變

10.慈善活動／回饋　　　　　　每週轉投資時數：1小時

- 為本地非營利組織提供諮詢服務
  每週六早上（中午前）1小時

11.睡眠／復元／放鬆　　　　　每週轉投資時數：0小時

- 沒有改變

12.其他　　　　　　　　　　　每週轉投資時數：0小時

- 沒有改變

我，＿＿＿＿＿＿＿＿＿＿＿，承諾投入於我的行事曆，盡我最大所能，
貫徹我的所有時間報酬安排。

簽名／日期：＿＿＿＿＿＿＿＿＿＿＿＿＿＿＿＿＿＿＿＿

現在，換你重新投資你的時間了。請具體、明確寫出每週的哪些天、地點、時間，你要和誰做什麼，在何時、何地、如何做。例如，在每週一、三、五中午，上健身房運動一小時；每週六撥出兩小時，為你喜愛的慈善組織當志工；每週四早上花一小時從事你的嗜好。在你寫下每個項目時，請思考它背後的意圖，以及你的為什麼。

在你的「時間報酬表單」上，填入你的時間轉投資項目，完成後，切記把它們也填入你的行事曆中，以強化你的決心。這麼做，你可以在任何時間查看你的行程安排，自問：「我是否貫徹我的承諾？」這是你的前進指南，因此務必確保你把時間投資於正確的事。

「時間報酬表單」最下欄是簽名欄，讓你簽名是為了讓你記住你的承諾，對貫徹你的時間投資和你承諾的目標當責。

我從大衛・葛金斯（David Goggins）的《不能傷害我》（*Can't Hurt Me*）中，學到了一個很棒的方法——「當責鏡」（Accountability Mirror）。[2]這個方法可以支持你的進展，運用這個方法，並且使用你的「時間報酬表單」作為指南，對著鏡子自問：「我是否貫徹我的時間承諾，以求自我改善？」

葛金斯建議，要極度誠實地面對自己，在翌日作出必

要調整。

　　我很喜歡他說的一句話：「有一天，你可以休息，但不是今天。」所以，貫徹你的承諾吧！

　　你已經奪回你最寶貴的資產 —— 時間，把它重新投資於你最想擁有、最想達成的目標。在熟悉時間淨化流程之後，接下來，我們把注意力轉移到你的工作上。我知道，這是一個非常重要的領域，讓我們把時間淨化流程應用於這個領域，產生相同的成效。

上網下載時間淨化系統電子版表單

我的時間報酬表單
我的承諾聲明：
我的為什麼：

每週總計可轉投資的時數：＿＿＿＿＿＿小時	
1. 事業／工作	每週轉投資時數：＿＿＿＿＿＿小時
2. 家庭	每週轉投資時數：＿＿＿＿＿＿小時
3. 人際關係	每週轉投資時數：＿＿＿＿＿＿小時
4. 健康與體適能	每週轉投資時數：＿＿＿＿＿＿小時
5. 休閒	每週轉投資時數：＿＿＿＿＿＿小時

6. 旅行	每週轉投資時數：_____小時
7. 個人發展	每週轉投資時數：_____小時
8. 靈性發展	每週轉投資時數：_____小時
9. 發展嗜好或新技能	每週轉投資時數：_____小時
10.慈善活動／回饋	每週轉投資時數：_____小時
11.睡眠／復元／放鬆	每週轉投資時數：_____小時
12.其他	每週轉投資時數：_____小時

我，_____，承諾投入於我的行事曆，盡我最大所能，貫徹我的所有時間報酬安排。

簽名／日期：_____

第 7 章

如何提升績效，強化工作表現？

人生中，你只有三種選擇：

放棄、妥協，或全力以赴。

—— 美國海軍海豹部隊

　　現在，你已經對時間淨化流程有一些體驗了，接下來，我們專門針對事業這個領域尋求改善。這一章，我們將使用時間淨化流程，來達成那些促進事業發展、為實現夢想提供金錢、讓我們有自信能夠作出貢獻的目標。

　　在本章，「職業」、「工作」與「事業」，當成可以交替使用的名詞。你在「事業時間淨化流程」（Business Time Cleanse）中作出的回答，將包含你的更廣義職業，以及你的維生方式 —— 可能你任職於一家公司，或是個體企業家，或者你是擁有一間公司和雇員的創業家。

　　跟時間淨化流程一樣，事業時間淨化流程圍繞著這個簡單問題：「你致力於達成什麼？」，但聚焦於你的事業 —— 不論是你的工作，或是你創立的公司。

　　事業時間淨化流程將帶來巨大價值，縱使是第一次做，你的收穫也將非常顯著，但我強烈建議你每月、每季、每年持續做，它是具有強大助益的指南，定期做這套淨化流程，將會驅動持續的事業進步。

展開事業時間淨化流程之前

幾個你必須思考的重要問題

　　在開始事業時間淨化流程之前，花幾分鐘思考下列和你的事業／職業有關的問題，寫下你的回答。這個練習將開啟你的思考流程，讓你的心智為事業時間淨化流程做好準備。

- 我在我的事業或職業生涯中做什麼？為什麼？

- 我如何做這些工作？為什麼？

- 我和誰一起做這些工作？為什麼？

- 誰或什麼導致我分心或阻礙我？

- 在我的事業或職業生涯中，我一點也不想做哪些活動？

　1. _____

　2. _____

　3. _____

　4. _____

　5. _____

　6. _____

7. _____

• 哪些活動為我帶來最高的時間報酬和事業成長？

1. _____

2. _____

3. _____

4. _____

5. _____

6. _____

7. _____

評量你的事業

　　展開事業時間淨化流程之前，應該先詳細了解你的事業在每個層面目前的表現。評量每個領域，有助於了解你的潛在績效落差位於何處。

　　用1到10分（10分代表最高滿意度，1分代表最低滿意度），評量你和你的事業的每個領域的表現。這個快速評量可以幫助你看出你在哪些領域做得好，哪些領域需要改進。

快速評量事業各領域的表現									
銷售	1	2	3	4	5	6	7	8	9	10
管理	1	2	3	4	5	6	7	8	9	10
領導	1	2	3	4	5	6	7	8	9	10
營運	1	2	3	4	5	6	7	8	9	10
事業成長	1	2	3	4	5	6	7	8	9	10
產品發展	1	2	3	4	5	6	7	8	9	10
行銷／宣傳	1	2	3	4	5	6	7	8	9	10
個人表現	1	2	3	4	5	6	7	8	9	10
客服	1	2	3	4	5	6	7	8	9	10
人資	1	2	3	4	5	6	7	8	9	10

清楚你能夠及想要改善什麼領域之後，接下來便可以展開事業時間淨化流程了。

事業時間淨化表單

這一節，我將一步步帶你進行事業時間淨化流程，參見後文的「事業時間淨化表單」。跟第5章的時間淨化流程一樣，我也提供一份我的客戶完成的事業時間淨化表單，讓你在製作你的表單時，可以隨時參考。

步驟1：確定你現在想在事業或職業生涯中達成什麼

　　事業時間淨化流程中最重要的部分，就是先為其餘流程建立基石，指出你現在想在你的事業或職業生涯中致力於做到什麼。花點時間思考你需要做什麼，以使你的事業邁進至下一個層次，列出你將聚焦的前三項目標。

　　決定你的目標時，你可以列出你一年、一季或一個月的目標，只須確定這些是你現在切要的目標即可。下列是一些可以啟發你開始思考的例子：

- 我今年要把生產量提高30％。
- 接下來六個月，我要把營運成本降低15％。
- 我將在這一季結束之前，把我每週的工作天數從五天變成四天。

　　現在，請寫出你的前三項目標，這些是你將在你的事業或職業生涯中致力於達成的目標。

我現在致力於在我的事業或職業生涯中達成什麼？

1.＿＿＿＿＿＿＿＿＿＿＿＿＿＿＿＿＿＿＿＿＿

2.＿＿＿＿＿＿＿＿＿＿＿＿＿＿＿＿＿＿＿＿＿

3.＿＿＿＿＿＿＿＿＿＿＿＿＿＿＿＿＿＿＿＿＿

接著，跟先前的時間淨化流程一樣，為你致力於達成的這些目標寫出你的為什麼。

我的為什麼：

_____

_____

步驟 2：了解你如何使用時間

為了了解你如何使用時間，在「事業時間淨化表單」上寫出你從事的每一項事業活動，包含時間和頻率。接著，如同前面做時間淨化流程時那樣，思考時間淨化的關鍵問題：「這對我的幸福與成功有益或有害？」用圓圈把有益的項目圈起來（〇），用方框把有害的項目框起來（□）。下列是一個例子。

活動
（打銷售電話）
・每天早上 10 點前打 2 個小時，總計 10 小時
客戶追蹤
・每週 2 小時
和同事談話
・每週 10 小時

(喝咖啡)
・ 每週4小時
整理辦公室和文件
・ 每週5小時
看臉書動態
・ 每天30分鐘
看網路新聞
・ 每天30分鐘
(製作月報)
・ 每週3小時

步驟3：思考這四個問題

判斷每一項活動對你有益或有害之後，接下來必須決定你是否該繼續做這項活動，以及該如何做。雖然這聽起來類似前面時間淨化流程的「接受、拒絕、去除」，但實際上，在事業時間淨化流程中，這個步驟有所不同，我們要思考一些事業績效問題，答案只有「是」與「否」。

下列請你逐一檢視每個問題，在「事業時間淨化表單」上最右邊的附注欄，請務必填入你在這個步驟的思考分析，作為你在每一項活動的行動步驟指引。

問題1　我應該繼續做這項活動嗎？

活動	繼續做？（是／否）	改進？（是／否）	延後做？（是／否）	委任／自動化／外包？（是／否）	每週奪回時數	附注

針對每一項活動，思考你是否該繼續做這項活動？（選擇「是」或「否」。）

問題2　我能夠改進這項活動嗎？

活動	繼續做？（是／否）	改進？（是／否）	延後做？（是／否）	委任／自動化／外包？（是／否）	每週奪回時數	附注

針對每一項活動，思考你是否能夠改進做這項活動的方式？（選擇「是」或「否」。）若你認為能夠改進，思考如何改進？下列是一些你可能改進的層面：

- 一天中做這項活動的時間點
- 做這項活動的時間量或頻率
- 是否有別種做這項活動的策略？

- 是否該加入別人一起做這項活動？

在附注欄填入你打算作出的改變。

問題3　我應該延後做這項活動嗎？

活動	繼續做？（是/否）	改進？（是/否）	延後做？（是/否）	委任/自動化/外包？（是/否）	每週奪回時數	附注

針對每一項活動，思考你是否該延後做這項活動？（選擇「是」或「否」。）

　　如果你認為應該延後，思考該延後至何時，延後多久？（把答案填入附注欄。）

問題4　我應該把這項活動委任/自動化/外包嗎？

活動	繼續做？（是/否）	改進？（是/否）	延後做？（是/否）	委任/自動化/外包？（是/否）	每週奪回時數	附注

針對每一項活動，思考你是否該把這項活動委任/自動化/外包？（選擇「是」或「否」。）

　　若你認為應該委任／自動化／外包，你的最佳選擇是
什麼？（把答案填入附注欄。）

　　現在，開始填寫你的「事業時間淨化表單」，我另外
提供了一份已經完成的「事業時間淨化表單」，幫助指引
你做這個流程。

事業時間淨化表單						
活動	繼續做？（是／否）	改進？（是／否）	延後做？（是／否）	委任／自動化／外包？（是／否）	每週奪回時數	附注
總計每週奪回時數＝_____小時						

事業時間淨化表單（範例）

活動	繼續做？（是/否）	改進？（是/否）	延後做？（是/否）	委任/自動化/外包？（是/否）	每週尋回時數	附注
打銷售電話 • 每天早上10點前打2個小時，總計10小時	是	是	否	否		中午前，把銷售電話集中於兩個一小時的時段一起打。
客戶追蹤 • 每週2小時	否	是	N／A	是，委任	2	訓練助理打電話追蹤客戶。
和同事談話 • 每週10小時	是	是	否	否	4	注意和賈斯汀談話的時間，他容易把事情放大。
喝咖啡 • 每週4小時	是	是	否	否	3	把社交時間縮短為15分鐘。

項目					每週奪回時數	備註
整理辦公室和文件 · 每週 5 小時	否	是	是	是，委任	5	讓助理每天固定在下班前整理好。
看臉書動態 · 每天 30 分鐘	是	是	否	否	3	停止純粹為社交理由查看臉書。
看網路新聞 · 每天 30 分鐘	是	是	是，延後	否	2	限制每天只能看一次，在午餐時間，10 分鐘。
製作月報 · 每週 3 小時	否	是	否	是，自動化	3	善用軟體來製作月報。
				總計每週奪回時數：	22 小時	

上網下載
時間淨化系統
電子版表單

步驟4：計算你從每項活動奪回多少時間

　　填好「事業時間淨化表單」後，計算並填入你每週從每項活動奪回多少時間。

步驟5：計算你每週總計奪回多少時間

　　把每週從每項活動奪回的時間加總起來，在表單最下面的欄位，填入每週總計奪回多少時數。

重新檢視你完成的表單

　　務必在附注欄寫清楚每項活動的行動步驟，當你在後面的「事業時間報酬表單」轉投資你奪回的時間時，你會用到附注欄中的行動步驟。

事業時間報酬表單

　　回顧你在「事業時間淨化表單」上，針對「我現在致力於在我的事業或職業生涯中達成什麼？」這一欄所寫的前三項目標，思考並寫下你將把你奪回的時間轉投資於何處。要具體，寫出誰、什麼、何時、如何、哪天、當天的何時、次數，以及達成你的目標所需要的時間量，然後寫出具體的行動步驟。完成後，務必在你的行事曆上記載每

項活動，為每項活動分配時間。

請你依照下列步驟，填寫「事業時間報酬表單」：

1. 在「活動」這一欄，填寫你將做的活動。
2. 在「每天或每週轉投資時數」這一欄，填寫你將轉投資多少時間。
3. 在「行動」這一欄，填寫你將採取的行動步驟。
4. 最後，在「附注」這一欄，填寫幫助指引及支持你的行動說明。

下列是一個簡單版的例子：

活動	每天或每週轉投資時數	行動	附注
打銷售電話	每天1小時	在中午前，把銷售電話集中於一小時的時段一起打。	無可妥協，這是我的事業成長的關鍵。
研究市場趨勢	每週3小時	在下午3到4點之間做市場趨勢線上研究。	也可以在任何自由休息時間做。
和客戶吃午餐，拓展人脈	每週4小時	安排和重要客戶共進午餐，討論更多產品的事。	請助理安排。

事業時間報酬表單			
活動	每天或每週轉投資時數	行動	附注

查爾斯的故事：8週達標，締造25年最佳紀錄

我的客戶查爾斯是洛杉磯豪宅經紀人，他有一些嚴重的健康問題，危及他的事業成功。當時已經進入當年第三季了，銷售業績和收入落後，只剩下短短幾個月可以趕上目標。大半年過去了，想要達成年度目標似乎已經不可能了，尤其是在他並非完全健康的情況下，他感到挫敗、無力。

我們坐下來商議時，我告訴他，若他願意信諾於事業時間淨化流程，是有可能在銷售週期中「壓縮時間」。在沮喪之下，查爾斯同意了。

我開始指導他，第一步是質疑並改變他對需要多長時間來完成一筆銷售的看法。關於需要多長時間來完成一筆銷售，我們全部都以先入為主的看法，這種看法通常並非100％正確。

我問查爾斯：「你有沒有可能以十個月的時間，達成一年的銷售業績呢？」他思考了一下說：「有可能。」接著，我問他，有沒有可能用九個月、六個月……甚至四個月的時間達成呢？雖然感到不自在，但查爾斯持續點頭。這當然極其困難，但就技術上來說，若一切都很順利，是有可能做到的。

　　最後，我讓查爾斯壓縮到兩個月 —— 如果他能夠以八週的時間，達成一年的銷售業績呢？他知道有可能，但他不認為自己能夠做到，這很正常，大多數的人初次聽到這個時，都不認為自己能夠做到。這一切關乎改變。

　　既然我們已經確認了可能性，我們就得實行事業時間淨化流程，認真檢視什麼有助於達成他的銷售目標，什麼有礙於他達成目標。

　　在輔導企業客戶達成銷售目標和事業成長時，我的做法是幫助他們辨識創造銷售業績所需要的最重要活動。我問查爾斯：「為了達成你的銷售目標，你需要完成的最重要活動是什麼？」

　　他毫不猶豫地回答：「每天早上10點之前完成十個銷售接洽，這是每天起碼得做到的。」

　　「很好，」我說：「我會幫助你創造實現這件事的環境。」

　　查爾斯必須用八週時間賣出十棟房子，這是他訂定要致力達成的目標。

　　接著，我問他為什麼：「為什麼達成這個銷售目標很重要？」他說，他希望退休後，能夠繼續他現在的生活型態，並且希望透過慈善行動回饋社會；他賺的錢愈多，就愈能幫助人們。

　　我請查爾斯首先列出他在工作日及私人生活中從事的所有活動，判斷哪些活動對他達成目標有益或有害。在了解哪些活動對他和他的事業有害後，我請他列出未來不再做的活動清單，我稱為「絕不再做清單」，項目包括：

- 看網飛節目超過一小時
- 和同事大聊運動和賽事
- 不限時間自由交談
- 在工作時間打雜、跑腿
- 隨意瀏覽網路

接下來，我帶他做事業時間淨化流程，參見附表。

事業時間淨化表單（查爾斯）

活動	繼續做？（是／否）	改進？（是／否）	延後做？（是／否）	委任／自動化／外包？（是／否）	每週奪回時數	附註
去咖啡店 • 8小時	是	是	否	否	5	用手機計時，每次去咖啡店休息的時間最多20分鐘
打銷售電話 • 10小時	是	是	否	否		早上10點前打電話，把銷售電話時段增加至一小時
案件追蹤 • 5小時	是	是	否	是，委任	2.5	讓助理追蹤大部分的案件
無關收益的客戶交談 • 8小時	是	是	否	否	4	縮減與業務無關的交談時間
每天的團隊會議 • 5小時	是	是	否	否	2.5	改成早上開會15分鐘，下午開會15分鐘

項目					每週奪回時數	做法
助理會議 • 4小時	是	是	否	否	2	改成早上開會 20 分鐘，下午開會 20 分鐘
代銷案件說明會 • 6-10小時	是	否	否	否		
每週公司會議 • 3小時	是	是	是	否	3	暫停兩個月
和客戶午餐／晚餐 • 8小時	是	否	否	否		繼續
為買方或客戶做聯賣資訊網（MLS）調查 • 5小時	是	是	否	是，委任	3	教助理，讓他做
行銷和社群媒體 • 5小時	是	是	否	是，外包	5	雇用行銷公司處理所有媒體活動
				總計每週奪回時數：	27小時	

　　完成事業時間淨化流程之後，看到這套流程為他及他的事業奪回27小時，查爾斯非常驚訝，他告訴我，他沒想到能夠奪回這麼多時間。

　　接著，我們商議他可以把奪回的時間作出怎樣的最佳轉投資，以幫助他達成銷售目標。他的「事業時間報酬表單」如附表所示。

事業時間報酬表單（查爾斯）			
活動	每天或每週轉投資時數	行動	附注
打銷售電話	每天8小時	在中午前，把銷售電話集中於兩個一小時的時段一起打。	無可妥協，這是我的事業成長的關鍵。
研究市場趨勢	每週3小時	在下午3到4點之間做市場趨勢線上研究，找出未公開銷售的房源。	也可以在任何自由休息時間做。
和客戶午餐／晚餐／進行活動，拓展人脈	每週4小時	安排和重要客戶共進午餐，討論更多產品的事。	和助理溝通，請助理安排。
運動	每週5小時	安排每週5次，早上7點上健身房。	無可妥協，這有助於減壓、維持體適能，使我能夠展現最佳效能；每週健身5次。

每週檢討目標／訂定每天的意圖／練習冥想	每週 2.5 小時	工作前例行檢討目標，訂定我的每日意圖，做 10 分鐘的冥想。	這使我的每一天有正確的開始。
在我經營的房地產區域開車尋找客戶	每週 3 小時	在我的社區開車尋找潛在房了，盲目出價。	根據經驗，這一年可以增加 2 到 5 件的成交。
辦公室會議	每週 1.5 小時	請助理安排午餐會議。	這有助於整間公司的成長，也有助於團結、增進士氣，營造共同目的感。

　　帶查爾斯做了事業時間淨化流程之後，他了解他必須把奪回的時間轉投資於何處、如何投資，轉變開始發生。

　　我馬上運用一些效能工具來促進他的成效。我讓他每天早上在上班之前做冥想，這能夠幫助他鎮定，為一天做好準備。他很快就發現，晨間冥想幫助他變得更專注、留神、有活力，他的有所掌控感提高，不再那麼消極、被動，能夠對一天發生的事作出更有意識的反應。

　　除了晨間冥想，我也請他為當天訂定三項有明確意圖的最優先要務，以確保他當天完全聚焦於這三項要務。

　　查爾斯完全接受了新信念 —— 他是時間的主人，時間由他掌控；他擺脫了時間非他所能掌控的舊觀念。

　　我教他把他每天計畫的每件事記載於行事曆上，為每

個承諾闢出相應的時間。他天天做到在早上10點之前，完成十個銷售接洽！

每天晚上，他檢討這一天，為翌日做準備。他也接受我的一個睡眠規律建議，開始有了好品質的睡眠，擺脫了已經多月未能睡好的困擾。

他的精力與焦點轉移至創造銷售收入的活動上，他展開計畫之後，案件開始快速地一件接一件成交，他的眼睛露出光彩。我看到了複利效應，他完全展現「專注現時」的心態 —— 他與時間共舞，大幅提升時間效能。

查爾斯說：「我聚焦於行事曆上記載的每個時間安排，因為睡眠更多，開始變得每天更有成效之後，我感覺動能改變，開始出現複利效應。我現在認知到，我的時間有多麼寶貴與重要，也知道該把時間投資於何處。我必須保護我的時間和注意力，防止它們被劫持，做到這個，我就銳不可當了。」

八週後，查爾斯達成他的銷售目標，他成交了八件案子，這是他有史以來首次在這麼短的時間內達成的最高成交量及收益。那年其餘時間，動能繼續，幫助他締造了他超過二十五年的房地產經紀人職涯中的最高銷售紀錄。

學會事業時間淨化流程之後，接下來，我們把注意力轉移至如何提高你的成效。本書的下一部專門探討時間效

能，你將學習如何使用一些工具、方法與訣竅，把每個小
時的效能最大化，使你個人，以及你和團隊、同事與合作
夥伴共事時，都能獲致最高水準的時間效能。

第三部
增進時間效能

第 8 章

了解你的時間風格，
學會和不同風格的人相處、共事

知人者智，自知者明。

—— 老子

　　我最喜歡的諺語之一是：「你總是自己做，但從來不是獨自做」，因為總是有人幫助我們，總是有我們必須共事的人。我們有能力和他人溝通、建立連結、合作，使我們的潛能和他人的潛能都得以充分發揮。

　　本章將解釋不同的時間風格，讓你能夠判斷自己是哪種時間風格的人，學習如何更有成效地與他人相處、共事。我也會教你如何開始對那些偷你時間的事情說「不」，如何與他人有效溝通，使你的時間和整體時間效能最大化。

兩種時間風格

　　現在，你應該比較熟悉時間淨化流程了。接下來，我

將說明不同的時間風格，幫助你了解如何善用你奪回的時間，和時間風格相似於你或不同於你的人相處、共事。了解時間風格，以及它們如何影響你，有助於創造更穩健的人際關係，提升你和他人及團隊共事的效能。

　　從童年到成人的成長過程中，我們學習關於時間和時間的運作。一開始，我們並不需要為時間負責，養育照料我們的人為我們的每時每刻體驗負責。漸漸地，我們學習時間觀念，學習自己判斷時間，了解這個世界如何以時間為尺度運作。這可能始於我們開始上學之時，因為我們必須在一定時間之前到校，必須在一定日期之前繳交作業等。受到這些要求的影響，我們開始重視時間表、守時、截止日期之類的東西。

　　最後，這形成我們用時間單位來衡量生活，又把這延伸推及他人。我們開始根據他人和時間的關係來評價他人，拿這和我們本身與時間的關係相比。現在，我們把自己的時間準則投射到他人身上，也相信他人根據他們和時間的關係來評價我們。

　　我從我的指導與教練工作中了解到，人大致可以區分為兩種時間風格，我將它們分別命名為「時間看守人」（Time Watchdog），以及「時間支配者」（Time Lounger）。歷經時日，我們每個人都會發展成這其中一

種時間風格。

時間看守人

　　時間看守人緊密遵守任何跟時間有關的東西，重視條理、組織、精準、規範等，時鐘、鬧鐘、準則，全都設定於提示你事情該在何時發生，你遵循帶來秩序及可預測性的時間表和制度，你高度重視守時及準時。時間看守人可能因為缺乏彈性，以及在不守時、不準時或他人不遵守時間看守人的嚴格時間標準時作出批判，對自己和他人造成壓力。

時間支配者

　　若你是時間支配者，你相信時間會順應你，你對時間感到輕鬆自在，但在他人眼中，你可能顯得散漫無序或輕慢。你相信事情該發生的時候，自然會發生，時間自然開展，不是以精心規劃的方式運作。你經常在當下迷失，這對他人造成的影響，往往勝於對你的影響。不過，時間支配者也可能對自己的遲到過度辯解，顯得不負責任、不在乎，或感覺被誤解。

判斷你是哪一種時間風格

檢視下列描述，對於符合你的項目，請打勾：

時間看守人

☐ 在我的日常事務中，我是個有條理、有紀律的人。

☐ 我通常會提早或準時抵達會議、會面及社交活動現場。

☐ 當有人遲到時，我會感到不滿、生氣或不受尊重。

☐ 我認為遲到是一種性格缺點。

☐ 在做某件事之前，我會估計要花多少時間。

☐ 我經常觀察他人對時間的態度，必要時，會對他們提出糾正。

☐ 對自己總是準時，我引以為傲。

時間支配者

☐ 我通常不準時，會議、會面及社交活動時會有點遲到或遲到很久。

☐ 儘管要遲到了，我還是會在途中買杯咖啡。

☐ 我常想，赴約之前，我可以再多做一件事。

☐ 我很容易在做我喜歡的事情時入迷，忘了時間。

☐ 我傾向更看重當下發生的事，勝於未來將發生的事。

☐ 開放的時間表帶來的自由度，令我感覺平靜、有
　 活力。

☐ 忘了時間使我感覺有創造力、活在當下。

　　數數看，你在這兩種時間風格的描述項目中，哪一種
的打勾數較多。

　　若你在「時間看守人」的打勾項目較多，你對時間是
個有條理、有紀律的人。你認為時間是寶貴資產，你重視
自己和他人的時間，你對自己的準時、甚至提早抵達或交
差，引以為傲。對於那些遲到的人，以及時間觀念不同於
你的人，你可能會看不順眼。你經常提醒人們有關準時的
重要性，要求他們為遲到當責，你想要他們負起責任！

　　若你是時間支配者，你喜歡無拘束的生活自由，準時
現身不是你的優先要務，你喜歡依自己的時間行事的彈
性，往往忘了時間。並不是你不重視時間，你只是不願意
因為稍微遲到而承受壓力，你看重現在勝於未來。當人們
對你的遲到大驚小怪時，你可能會感到不滿或惱怒。

　　了解這些時間風格，以及每種時間風格的特徵，可以
幫助你看出他人的差異，對他們的風格有較高的同理心與
理解。

　　關於時間風格，還有幾點提醒：

1. 對於他人的時間風格，別往心裡去，那不是針對你個人。

2. 時間風格不是絕對的東西，你可能在你的各種生活領域擁有不同的時間風格，或是不同程度的時間風格。或許，你在私人生活中是個時間支配者，但在工作上是個時間看守人。

3. 當生活中發生變化時，你的時間風格可能受到挑戰，時間看守人通常能夠調適得很好，時間支配者通常無法對變化調適得那麼好。因此，保持彈性，知道不同時間風格的人將對變化有不同的反應。

時間風格發揮作用

　　時間和如何運用時間是事業成功的關鍵之一，這不是什麼祕密。遵守時間表、截止日期、約定及會議時間與否，影響你的事業績效。你的時間風格可能大大影響別人對你的觀感，影響你在職業生涯中的晉升，影響團隊的成效，影響別人對你的整體表現的看法。

　　若你是個時間支配者，經常未能在截止日期前交差，或是開會總是遲到等，很可能傷害團隊的凝聚力、你的工作表現、你的的職涯發展，以及別人對你的看法。

　　反過來，若你是時間看守人，而且反應過度，堅持嚴

格的標準，缺乏同理心、沒有彈性，同樣可能影響你的關係，以及你和他人共事的成效。

　　要訣在於坦誠對話，就時間相關問題，達成一致同意的準則。這有助於消除團隊中不同時間風格的人之間的潛在緊張與壓力，創造一個共榮的環境。當大家知道期望是什麼，當時間安排出現任何變化時，該如何調整，就有一個事先的共識。

開會時有人遲到

　　會議延遲開始，影響到所有與會者，我們全都有過被一個人延誤到整群人而惱怒的經驗。

　　若先制定一個策略，例如：要求遲到者安靜入座，等到他們需要背景脈絡或相關訊息時，才開口詢問他們可能錯過的資訊，大家一開始就清楚如何處理遲到的情形。一個六人會議，若其中一人遲到了10分鐘，此人實際上使用或浪費了其他五人總計50分鐘的時間！這樣的思維可以幫助我們對自己和他人的時間當責。

當戀愛對象和你的時間風格不同時

　　我和一位女性發展一段有未來的新關係，我已經約會了一、兩個月，兩人有許多共同喜好，一切進展得很好，

我們愈來愈喜歡相處的時間。然後，突然開始出現令我措手不及的情況：她開始約會遲到。

　　起初是偶爾遲到幾分鐘，我有點困擾，但我不想對此小題大作。後來，遲到次數開始增加，以前是偶爾遲到五分鐘，現在變成經常遲到二十分鐘，我認為我們該談談這個問題了。兩人坐下來之後，我問她為何不能準時赴約，或是當我去接她的時候，已經準備好出門。

　　她馬上擺出防禦的態度，告訴我這不是她的錯，述說了一個又一個理由。她說，她打算要準時的，但偏偏臨時出了狀況。她又說，她不能理解為何我這麼小題大作，畢竟不過是幾分鐘而已嘛！當時，我認為她的所有解釋都很荒謬，她是個聰明的女性，她的專業工作需要她準時上班，為何跟我約會就不能準時了？

　　唉，談話之後使得情況變得更糟，我們對於時間作出了更多爭論。現在，我看著手表，預期她又要遲到了，我甚至還希望她遲到，好證明我是對的……真是莫名其妙，對吧？她遲到的次數愈多，我查看手表的次數就愈多，我們之間的壓力瀕臨爆炸。

　　隨著時間過去，我看出我被自己的沮喪淹沒，未能以正面的方式溝通，這對我重視的關係造成負面影響。跟絕大多數的人一樣，她和我對彼此的行為賦予了太多意味，

又理直氣壯地認為自己的行為有很好的理由。

　　最後，我得出這項結論：她真的想要準時，她不想不尊重我和我們共處的時間，只是她有不同於我的時間風格。她喜歡時間安排上的自由度，沒有一定要在時間內抵達某處的那種壓力。她喜歡沉迷於當下，享受自己正在做的事，這使得她感覺自己有創造力、有活力，因為這樣，她常常忘了時間。

　　經過交談，我們認知到，她有能力準時抵達她想去的地方，上班、搭機、看醫生等，她總是能夠準時。但是在休閒時，要她遵守預定的時間，對她而言太緊張了，而且，她個人生活中的多數其他人，也都接受她的這種遲到習慣。

　　經由這些交談，我們發現，我和時間的關係跟她的大不相同。準時對我而言很重要，是我每天注重的事。若我遲到了，沒有遵守時間表，我就會感到緊張。從小接受的教養使我認為，他人遲到是對我和我的時間的不尊重。這個信條使我對很多遲到行為感到失望，使我把他人的遲到行為看成是針對我個人。從交談中可以明顯看出，她從未有意不尊重我，而且真的想要準時，跟我一樣很喜歡我們相處的時間。

　　這些交談帶來一些重要洞察，使我們的關係回到正

軌。（1）因為性格和教養，人們和時間的關係有所不同，這些不同的關係，就是我稱為「時間看守人」和「時間支配者」的時間風格。（2）這兩種時間風格，無分好壞，僅僅是不同而已。（3）這種差異性具有互補作用。

當我們坐下來討論與化解問題時，我們認知到我們的差異，可以更充分了解彼此；最重要的是，除了吸引彼此，我們喜愛我們兩人帶入這段關係的獨特差異性。現在，我們兩人對彼此的風格有更高的同理心與了解，我們一起對我們相處的時間作出協調，對我們兩人的風格作出更多妥協，支持我們兩人用更多愛與意義更深入連結的關係。

雖然這是一個聚焦於戀愛對象的故事，但從這個故事獲得的洞察，適用於我們在事業及私人生活中的每一種關係。在我共事過的許多個人和組織當中，我親眼目睹不同時間風格的人相互衝突造成的成本。你大概已經開始在思考你的生活中相似與不同時間風格的各種情況與人，也許是某個同事或客戶老是遲到而令你抓狂，或是一個同仁對某人參加會議時遲到作出過度反應，在整個會議中對此人抱持著敵意。當我教導兩種時間風格的特徵時，我看到研習營學員或客戶露出微笑，因為他們終於了解，那些特徵行為並非針對他們個人，只不過是不同時間風格的衝突。

了解這些時間風格的特徵，以及它們如何形成，你就

不再需要把任何差異往心裡去，那只不過是人們的時間風格罷了。有了這種理解，就能夠進行有助益的交談，得出關於時間的協議，創造正面的工作關係。

時間風格省思

你已經知道你的時間風格了，現在，思考它可能在你的工作及私人生活中如何影響他人。思考下列問題，寫下你的回答：

1. 我的時間風格如何支持我的同事、客戶和朋友？

   _____

   _____

2. 我的時間風格如何正面或負面地影響他人？

   _____

   _____

3. 我可以作出什麼調整，改善我和他們的關係、互動或表現？

   _____

   _____

時間風格策略

你已經看到了不同時間風格的作用，我發展出來的下列策略，將幫助你改善和他人及團隊的共事效能。

1. **辨識你的時間風格，並且把關於不同時間風格的資訊，和與你互動的其他人分享，讓他們也辨識自己的時間風格。**不論是你私人生活中的關係，或是工作上的關係，了解你周遭人的時間風格，將有所幫助。別假設他們的時間風格，幫助他們辨識與了解他們本身的時間風格。了解他人的時間風格，有助於為你們雙方節省時間，改善你們的相處或共事。

2. **在私人生活及工作中，和與你相處或共事的人討論時間風格，以了解你們獨特的時間風格，以及有關時間的偏好。**這麼做，有助於避免我們對他人的時間行為編造故事，幫助你更加了解如何與你生活中的周遭人更好地相處或共事。

3. **針對如何以尊重每個人的時間風格的方式相處及共事，達成有益的協議，使所有人都能作出最佳表現。**達成關於時間的協議，有助於建立信任、安全感，以及尊重個人獨特風格的氛圍。

4. **預先設定如何處理不愉快狀況的策略。**在婚姻諮

詢業中有句箴言：「想要擁有持久而成功的關係，最重要的技巧之一是，能夠以同理心快速修復不愉快。」當發生不愉快時，有一個商談化解策略是很重要的。

在使用這些策略時，別太過嚴肅，輕鬆看待你們的時間風格差異。人生已經夠嚴肅了，擁抱差異性甚至能夠挽救關係。

如何進行有效溝通

在步調快速的現今世界，我們被期望要比以往更快速執行、反應與溝通。過去的「營業時間」模式，現在已經很少適用了。現在對溝通的期望是，必須如同二十四小時得來速服務一般，全天候運作。

目光接觸已經被螢幕接觸取代，電話通訊已經被簡訊或語音通訊取代。現在，比以往更重要的是，你的溝通訊息必須能夠快速、有效地抓住人們的注意力，並且知道在什麼情況下該使用什麼媒體。

每一則簡訊、每一封電子郵件、每一通電話，全都會影響你的關係。一個錯字可能導致的代價是浪費大量時間，或是就此終結一筆銷售機會、傷害一段關係、惹惱一個客戶。我們說什麼、怎麼說、何時說、在何處說，都將

大幅影響我們是否獲得成果。

接下來，我要向你介紹我的 H.O.P.E. 四步驟方法，教你如何進行有意義、有成效的溝通。這個方法教你如何使用時間和意圖來促進你的關係，如何有效溝通以提升你的時間效能，如何說「不」以保護你的時間。

關係溝通：H.O.P.E. 四步驟流程

關係溝通（relational communication）指的是透過能量（肢體語言）和資訊（語文）的交流，和他人建立用心、有意義的連結。

我發展出的關係溝通的工具之一是 H.O.P.E. 四步驟流程，幫助我的客戶弭平他們的溝通鴻溝。H.O.P.E. 分別代表「內心」（heart）、「結果」（outcome）、「個人利益」（personal interest），以及「進入他們的世界」（enter their world）。這個流程非常有助於改進溝通成效，也在朋友、同事及客戶之間創造正面的關係。下列逐一說明每個步驟：

1. **內心 —— 發自你的內心**。首先，把你的注意力聚焦於你的內心，思考：「我想在這段關係中獲得什麼？（例如：人脈、信任、長期性？）」，以及「我希望他人在這段關係中獲得什麼、有什麼樣的

感覺？（例如：建立連結、安全感、坦誠？）」

　　從內心出發，能夠軟化焦慮、緊張，以及想要有所掌控的欲望，使我們變得對自己和溝通對象更有同理心，使我們連結至關係中真正重要的部分。

2. **結果 ── 對於我、對於他人、對於我們整個團隊，最好的可能結果是什麼？** 清楚你想從交談中獲得什麼結果，你希望發生什麼或不發生什麼？然後思考：「我希望我的溝通對象或團隊獲得什麼結果？」

　　這樣思考讓你有機會站在他人的立場，更了解他們在特定情況下的可能體驗。當你的溝通能夠從愈多角度去考量，擁有愈多彈性、影響力或連結，就會轉化成愈強的信心與自在感。再者，更加了解什麼對你的溝通對象而言最重要，你就能夠蒐集到更多切要的相關資訊，幫助你有效溝通。

3. **個人利益 ── 他們的個人利益和我的個人利益是什麼？** 個人利益跟預期結果的「為什麼」有較大的關連性，思考：「我將如何從這樣的結果受益，或我將從這樣的結果獲得什麼益處？這對我個人和我的事業有何影響？」

　　一個有幫助的做法是，從四萬英尺高空的角

度,宏觀地看你期望的結果和其他所有東西的關連性,然後對其他人也這麼做。他們在這境況中的個人利益是什麼?這對他們有何重要,為什麼?我們往往只聚焦於自己想要什麼,但是在溝通時,我們必須清楚、直接說出期望的結果對對方有何益處,再指出大家的共同利益。

4. **進入他們的世界 —— 何時、何處、如何。** 進入他們的世界涉及了幾個層面,首先是決定在何時、何處、如何進行談話,時機很重要,何時是最有效地讓你的訊息被聽進去的最佳機會?視溝通對象的性格和風格而定,若你選錯了溝通的時間點,可能會大大影響談話的成效。作個預先約定,讓對方做好談話的準備。你們談話的形式是面對面嗎?還是透過電話或電子郵件?為了獲得最好的結果,在安排與進行談話時,有很多事要考慮。

準備及確保有良好成效的談話的最後一步是,把你在H.O.P.E流程每個步驟中的思考及回答寫下來。把這些寫下來,你將有一份可遵循的劇本,讓你的溝通保持於你最重要的事項上,以產生最有成效的談話。

在職場上及私人生活中,有效溝通的能力對你的時間和時間效能影響很大。下文提供我的最佳說「不」策略,

別再對你不應該花時間的事情說「好」，把你和他人互動的時間點及時間量的效能最大化。

開始與結束談話

想要擁有更多時間、自由或精力，開始學會說
「不」吧！

—— 無名氏

安排及預設溝通的時間軸和時間量的上限，可以為你一個月節省數十小時，並且改善你的談話成效。

我發現，當人們有時間量的上限，了解電話或面對面談話的期望時，他們的談話會更簡明。下列是我教我的客戶限定談話時間與內容的一些小技巧的例子：

- 「嗨，約翰，我看到是你打來的電話，所以我接了。但是，我現在只有五分鐘，所以如果你需要更多時間的話，我們可以安排稍後再通電話。」
- 「嗨，辛蒂，我打這通電話是因為我有一些關於妳的專案的重要資訊，必須盡快告訴妳。但是，我得先讓妳知道，在團隊會議之前，我只有 10 分鐘的時間跟妳討論這個。若妳覺得可以，我們現在就開

始討論；若有需要，我們可以另外安排時間通電話。」

我會計時，在預設的通話時間快到的前一分鐘發出提醒，這樣我就不必老是想要查看時間，可以更投入於談話，更聚焦於當下。

如何說「不」？

若要說有哪一項技巧，明智地使用將能為你奪回時間、保護你的時間，那麼無庸置疑，這項技巧就是說「不」。有太多需求太快速地降臨在我們身上了，我們很容易說「好」，在不花時間評估之下，過度承諾。誠如布芮尼・布朗（Brené Brown）在《勇於領導》（*Dare to Lead*）中所言：「清楚就是體貼，不清楚就是不體貼」，[1]當我們說「好」或「不」時，我們就是在對自己及周遭人清楚表明，這是一種體貼行為，對我們的時間承諾建立清楚的界限與期望。

每個對你的時間的需求，都是對你的最珍貴資源的需求，因此必須妥善回應。我們可以使用時間淨化問題：「這對我的幸福與成功有益或有害？」來思考。

我當然不是建議你變得完全以自我為中心，這裡的目

的是讓你擁有健康、平衡、有益的生活，別損及你本身的幸福與目的。切記，你說「不」，就是在對你的生活和夢想，支持性地說「好」，防止你被他人的議程劫持。

　　下列是說「不」的技巧：

1. **準備好有意識地說「不」**。根據你的價值觀，省思你為何說「不」。建立說「不」的常規或準則，例如：
   - 「我對自己立下一個準則或承諾，就是……。」
   - 「我有一項原則，就是每週只參與兩場新客戶會議。」
   - 「我對自己承諾，就是平常日不在外面吃晚餐，這樣我才能早起，早上六點上健身房。」
   - 「週六是我的復元日，下午三點前，我不做任何事。」

2. **練習大聲說「不」**。練習說「不」很重要，若你不練習，等到身處壓力境況時，很可能會聽到自己自然而然說「好」。錄音這個方法很不錯，我總是要求我的客戶這麼做，讓他們聽聽自己說「不」的語氣，並且練習說得真誠一點。大多數的人聽到自己說「不」的時候都滿訝異的，因為通常跟他們想聽到的不吻合，而練習有助於明顯提升自信。

3. **暫停，深呼吸，數到三**。這麼做，讓你有空間打破

不假思索的自動駕駛模式反應 —— 你很可能未經
過你的決策步驟，就回答：「好。」記住，你沒有
馬上回答的義務，簡單回答：「謝謝，我想一下，
今天（或明天……）稍後再回覆你。」這是完全
合理的，別忘了，時間是你的。切記，只要情況適
當，在作出承諾之前，等二十四小時後再回覆。

4. **備妥「拒絕」的各種回應**。下列是一些例子：

- 「謝謝你的詢問。如果可以的話，我願意，但是在
  我目前的工作負擔下，時間上對我來說不合適。」
- 「謝謝，很高興你問我，但我的時間已經有安
  排了。」
- 「很感謝你想到我，但我有其他安排了。」
- 「我沒法幫忙，但是我可以推薦……，他／她或
  許能夠幫你。」
- 「我可以做的是……」，然後給出對你而言合適
  的有限承諾。
- 「真希望我可以，但是就目前來說，真的沒
  辦法。」
- 「我明天回覆你。」

如何結束談話或中止談話？

　　說到保護時間，絕對需要研擬如何有禮貌地結束談話或避免進入談話的策略和措辭。多數人因為一心想著如何結束談話，導致他們未能充分投入於談話，從談話中有所收獲。

　　下列建議的措辭既果決且直接，只要使用得夠多次，就會習慣成自然。

中止談話

1.「我很想跟你聊聊，但我五分鐘後有一場會議。」
2.「我有一場電話會議，快遲到了。」
3.「我現在得趕回家帶小孩。」
4.「我在趕一份工作，快來不及了。」
5.「我現在身體不大舒服，先失陪了。」

結束談話

1.「啊，聊得很開心，不過，我得回家了。」
2.「這個會議很棒，但我的車快來了，大家下次見。」
3.「這是個很好的機會，我會再跟你聯繫。」
4.「謝謝你抽空會面，抱歉，我必須先離開了，我的狗在等我。」
5.「我現在不大舒服，我得先走了。」

誰該在何時之前完成什麼？

　　這個策略為我和我的客戶節省了很多不必要浪費的時間，幫助我們改善成效。

　　不論是個人交談或團隊會議，人們往往對潛在機會談得太起勁、入迷而忘了時間，或是乏味到一心只想著趕快結束，去做當天或待辦清單上的下一件事。

　　這個方法的目的，是確保你投資的時間有良好的收穫，不論是通電話或當面開會，應該讓每個參與者知道誰必須負責在何時之前完成什麼。時間承諾是為了促進結果，使計畫繼續推進，避免未來再進行過多浪費時間的談話。

　　議定誰該在何時之前完成什麼，可以清楚訂定職責歸屬，大家都同意時間軸。你是否經常碰到這種情形：開了一個會，下次開會時才發現，大家對於上次開會的結果，竟然沒有共識？從現在起，你可以有效運用這個方法，永久改變這種情況。進行談話或會議時，請務必確定：

誰該在何時之前完成什麼。

例子：

瑪賈要在6月26日中午前完成客戶報告，交給大衛。

你可以運用下列這張表單，針對每次的會議記錄結果。

會議目的與結論：
與會者：
內容事項：
誰要做什麼：
在何時之前：
何時追蹤以召開下次會議：

了解時間風格，使用這些溝通策略，有助於你理解他

人，有效地與他人建立連結和互動，改善你的團隊合作，一年節省數百小時，重新把時間投入於對你而言最重要的事，創造更好、更迅速的成效。

第 9 章

配合你的時型，重新規劃每一天

重要的不是求勝意志，人人都有求勝意志；
重要的是為贏而做準備的意志。
——「大熊」保羅‧布萊恩（Paul "Bear" Bryant），
美式足球傳奇教練

準備引領出成功，這是勝利者的祕訣，他們天天為求勝做準備。你的準備工作，將決定你每天、每週、每月、每季、每年的成功水準。

本章探討如何利用你奪回的時間，有所斬獲。學習如何規劃一天的時間效能，有助於提高每個小時的生產力。

本章分成兩個部分，第一個部分幫助你根據你的時型（chronotype），了解你的最佳效能時段。第二個部分教你如何規劃你的一天，以更迅速、更具一致性，比以往更容易做到的方式達到成果。

來採取行動吧！

了解你的時型

> 想成功，很簡單。
>
> 在正確時間，用正確方法，做正確的事。
>
> ——阿諾‧葛拉索（Arnold Glasow）

效能時段安排

效能時段安排指的是在正確的時間做正確的事。在時間淨化系統中，很重要的一個部分是：在什麼時間做什麼，以及在什麼時間不要做什麼，妥善運用你的效能時段安排，可以讓你聚焦於何時該做什麼，對你的時間作出最大效能的運用。

生理時鐘左右我們一整天的精力起伏，影響我們在一天中各個時段的專注力和幹勁。很多人有正確意圖，但是在錯誤的時間做正確的事——在錯誤的時間和心愛的人或同事進行正確的談話；在疲倦及身體非適當狀態時做運動；在太疲累、無法集中注意力時，試圖解決一個創意問題；或是在心煩意亂時，試圖創造銷售。結果令人沮喪，像是打了一場沒有勝算的仗，只因為時間點不正確。

每個人都有「時型」——個人的每日生理節奏，影響我們的生理與心理。丹尼爾‧品克（Daniel Pink）在

《什麼時候是好時候》(When: The Scientific Secrets of Perfect Timing) 提供了他的洞察，他解釋，人類在一天當中的各種時候，身心感覺都不同，因此何時做什麼事有影響。他說：「『何時』雖然不比『什麼』、『如何』、『誰』更重要，但同等重要。」[1]

時型主要分為兩類：

1. **雲雀（或早鳥型）**：早睡早起；

2. **貓頭鷹（或夜貓子型）**：晚睡晚起。

所有人每天的身心體驗大致上可以分成三個階段（多少因人而異）：

1. **巔峰**：效能最佳的時段；

2. **減弱**：感覺體能或心智能量下降；

3. **復元**：感覺恢復到足以再進入高效能運作。

了解你這三個階段分別出現在一天當中的何時，可以決定你是早鳥或夜貓子。

根據研究，約75％的人感覺早上是他們的巔峰狀態，下午是減弱狀態，晚上是復元階段；這些人是早鳥。[2]

其他25％的人感覺相反，早上是他們的復元階段，下午是能量減弱階段，晚上則是他們精力充沛的巔峰時段；這些人是夜貓子。

所以，如果你是早鳥，應該把最需要體能或心智能量

的事務，安排於早上完成；若你是夜貓子，這些事務應該安排在下午或晚上。

為了使你一天的生產力最大化，你必須知道並且有效啟動你個人的最佳效能時段。丹尼爾・品克建議用下列方式安排你的活動，配合你的時型，使你的生產力最大化。

若你是早鳥 ——

- 早上：做需要更多專注力的事情，包括作決策、寫重要報告與備忘錄、進行重要談話等。
- 中午：做較不需要那麼多專注力、要求不那麼高的事情，例如安排行程或整理的工作。
- 下午後段到傍晚和晚上：做需要創意和腦力激盪的工作，如果你還有精力的話，可以做做早上的那些工作。

若你是夜貓子 ——

- 早上：做需要創意和腦力激盪的工作。
- 中午：做較不需要那麼多專注力、要求不那麼高的事情，例如安排行程或整理的工作。
- 下午後段到傍晚和晚上：做需要更多專注力的事情，例如作決策、進行重要談話，執行認知型工作。

　　切記，這些建議只是一份指南，每個人都有獨特的生理狀態。了解你一整天精力和專注力變化的情形，可以幫助你個人化地安排在何時做什麼事，以產生最大效能與生產力。

規劃你的一天

讓每一天都成為你的傑作。

　　　　　　　—— 約翰・伍登（John Wooden），

　　　　　　　　　　　　美國傳奇籃球教練

　　規劃你的一天主要包含三個部分：

1. **工作前（準備）**：讓你的身心做好正面準備，展開一天。
2. **工作期間（運作）**：讓你的專注力和能量展現及維持於最理想的狀態。
3. **工作後（復元）**：在一天的活動後復元，為翌日充電。

工作前

　　睡醒或鬧鐘響起的那一刻，就是一天的開始，這是你「工作前」的時間。這是這一天的一個重要部分，因為你

如何展開一天，將決定你這一天的其餘清醒時間的投入與表現。

正確展開一天的最佳方式是立刻起床，這將建立你的正面心態，讓你能夠積極採取行動、擁有動能，掌控你的一天。

我知道，很多人有起床困難症，會按掉鬧鐘，再賴床一會兒。我喜歡梅爾・羅賓斯（Mel Robbins）克服這點的方法，她在《五秒法則》（*The 5 Second Rule*）中建議：從5倒數，數到1，就馬上行動。羅賓斯說，這麼做可以啟動活力與動能。[3]我採用這個方法，也建議我的客戶這麼做，真的很有效。

保持這股動能的一種方法，則是取材自退役美國海軍上將威廉・麥克雷文（Admiral William McRaven）的《鋼鐵意志》（*Make Your Bed*）。[4]他在這本書中，分享了他在海豹部隊受訓時學到的十堂課，他說這十項法則不僅能夠改變人的一生，也能夠改變這個世界。例如整理你的床鋪，他解釋：「沒有什麼能夠取代一個人的信念所帶來的力量與撫慰，但有時整理你的床鋪這麼簡單的行動，能夠提供你展開一天所需要的提振，把它做好，可以帶給你滿足感。」

過去十五年，我每天起床後，就立刻整理我的床鋪，

這讓我以成就感展開每一天，並且有一個整潔的環境，使我以正面方式建立我當天的意圖。

正確展開一天，有三大要領：

1. 知道並檢視你當天的前三大要務；
2. 確定這前三大要務的背後意圖；
3. 花點時間做點個人省思，例如：冥想、祈禱、沉思等，和內在連結。

下列是我的晨間慣例。

我的工作前慣例：

1. 鬧鐘響就起床。
2. 立刻整理我的床鋪。
3. 展開我的靜默時間，包含做20分鐘的冥想。
4. 檢視我當天的前三大要務（我會在前一晚訂定這三大要務，參見後面的段落。）
5. 確定這前三大要務的背後意圖。
6. 運動一小時。
7. 喝咖啡。

我的工作前慣例時間安排如下：

4:00 am	
4:30 am	
5:00 am	鬧鐘響就起床，立刻整理我的床鋪。
5:30 am	做20分鐘的冥想。
6:00 am	檢視我當天的前三大要務，確定這前三大要務的背後意圖。
6:30 am	上健身房。
7:00 am	
7:30 am	
8:00 am	喝防彈咖啡，開始一天的工作。

你可以在下表填入你的工作前慣例。

4:00 am	
4:30 am	
5:00 am	
5:30 am	
6:00 am	
6:30 am	
7:00 am	
7:30 am	
8:00 am	

工作期間

> 成功途徑是展開大而堅定的行動。
> 　　── 安東尼・羅賓斯（Anthony Robbins）

「工作期間」指的是你這一天開始及持續運作，你的專注力和精力保持在最適狀態的時間。下文是一些保持表現的策略、工具和訣竅，幫助你在一天的這段巔峰時間內，最大化你的時間效能和生產力。

電子郵件

電子郵件是現今職場上令人分心的主要事物之一，絕大多數的人面對這樣一個持續性的注意力攫取者，並沒有什麼特別的策略，任由它打斷、占用時間。下列這個簡單的策略，幫助你控制你查看電子郵件的時間，專注於你的工作。

1. 關閉電子郵件的通知功能，包括音訊和小視窗通知。這麼做，將幫助你專注於你正在做的事情上，避免分心。
2. 事先設定你要查看、回覆電子郵件的時間。這點很重要，你必須堅守這項規劃。例如，你可以設

定在早上8點、中午12點及傍晚5點查看及回覆電子郵件。

3. 你可以先設定提醒，通知你查看及回覆電子郵件的時間到了，訓練自己有效率地在這段時間內處理完所有電子郵件。如果你的工作需要你更常查看電子郵件，你可以增加頻率，但還是要堅守你設定的時間。

4. 你可以新增一個資料夾，把需要更多時間回覆的郵件，或是可以等到當天工作結束時再回覆的郵件放進去。針對這些郵件，你可以安排一個時段，一次處理完畢。

善用休息時間

工作／休息間隔非常有助於訓練你的大腦，根據我的經驗，這項工具使你能夠持續一小時完全專注，生產力因此提高三到五倍。

我發現，工作55分鐘，休息7到10分鐘，對我個人而言是理想的間隔。我會使用計時器（但不是iPhone，那可能會導致我分心），設定55分鐘的持續工作時間，然後再設定7到10分鐘的休息時間。如此經過三回合之後，我休息了30分鐘，作為充電。很重要的一點是，在這30分

鐘的充電時間裡，做做能夠幫助你復元的事，不是去看社群媒體，或是做其他分心的活動，像我會聽聽音樂、起來走一走、吃點東西，或是閉目養神。

你可以使用的另一種方法是「番茄工作法」（Pomodoro Technique），原理相似於工作／休息間隔，差別在於它設定工作25分鐘，休息5分鐘；三回合之後，你可以休息更長一點的時間，15到20分鐘，然後恢復正常的間隔，如此重複。

不管你使用哪種策略，重點在於根據你的時型、個人風格和環境，決定你要持續工作多少時間、休息多少時間。切記，休息時間跟工作時間一樣重要，讓你一整天都能夠保持在最適狀態工作。

集中處理

檢視你當天的事務時，把類似的活動集中在一起。大腦喜歡類似的工作，因為它可以更有成效地運作，因此在規劃你的一天時，看看你能夠把哪些類似的事務安排在一起。經過一週後，你就能夠看出你完成的工作和事務量有顯著變化，你也變得整天更有活力。

下列是我把當天事務集中處理的一個例子：

- 9:00~9:15am：只處理電子郵件
- 10:00~12:00am：打電話指導客戶

- 1:00~1:30pm：回答所有的團隊提問

艾森豪矩陣

艾森豪矩陣（Eisenhower Matrix）是個實用的老方法，今天仍然非常實用。這是前美國總統艾森豪（Dwight D. Eisenhower）為了輔助他的決策流程所發展出來的方法，可以幫助你根據時機需求與重要性，決定及排序你的事務。[5]艾森豪矩陣是決定你當天把時間投資於何處的重要工具。

圖表9.1描繪了艾森豪矩陣，它的使用相當簡單，根據一件事是否急迫、是否重要區分成四個象限，每個象限代表一個不同的選擇。

	急迫	不急迫
重要	**做** 現在做 例子：安排今天的團隊會議時間。	**決定** 訂定那天早上的會議 例子：查看公司行事曆，找出合適的時間。
不重要	**委任** 讓行政助理安排時間 例子：立刻發電子郵件，提供議程。	**刪除** 考慮更改會議日期 例子：查看公司行事曆，以及個別團隊的時程表。

圖表9.1 艾森豪矩陣

1. **做**。需要馬上處理的事務：
   - 這些事務急迫且重要；
   - 這些是有時間急迫性的事務，必須立刻處理；
   - 這些事務應該根據重要性與影響性來排序，據此安排時間。
2. **決定**。可以稍後處理的事務：
   - 這些事務重要、但不急迫；
   - 這些雖然是必須完成的事務，但沒有時間急迫性，可以再安排時間，通融那些急迫、重要，必須馬上做的事務。
3. **委任**。可以交給他人處理的事務：
   - 這些事務雖然急迫，但不重要；
   - 這些事務不需要你投入時間和心力，可以交給其他人處理，同樣有成效。把你的時間騰出來，專注於「做」這個象限的事務。
4. **刪除**。可以置之不理的事務：
   - 這些事務既不急迫，也不重要；
   - 經過審慎評估，這些大多是可以置之不理的事務。

使用艾森豪矩陣時，盡量限制每個象限不超過8件事，以確保你在完成事務的同時，也留有一些空間給意料之外的活動和事務。

　　你的私人事務和工作上的事務，都要納入這個矩陣裡，這樣你才能夠把你生活中的所有重要層面都結合起來，進行排序。

　　你可以把這個矩陣用於自身、你的家庭和你的事業。切記，使用這個矩陣於自身時，別讓其他人為你決定你的事務的優先順序，別讓他們把他們認為重要的事加到你的身上，占用你的時間。

限制查看新聞的時間

　　跟進媒體及新聞，是最催眠、最浪費時間、吸引你的注意力、導致你分心的活動之一。當然，跟進本地及世界時勢相當重要，但是我們的好奇心，或我們對於保持「知情」的上癮，經常導致我們分心，降低我們的生產力。

　　多數新聞報導旨在引起害怕反應，使你想要更多的訊息。有時，你所在地區的天氣有緊急狀況，影響到你緊接著的行進路線，查看新聞當然有必要。

　　但是，經常被負面新聞淹沒，對你的日常生產力與表現並無幫助。一個不錯的方法是，訂閱你信賴的線上新聞來源，但事先設定時間限制，這樣你就能夠控管你看的新聞，不會被新聞主播的聳動、誇大迷住。

限制或關閉通知

完全關閉你的智慧型手機或電腦並非總是可行，但控管它們的通知功能幾乎總是可行。彈出式視窗令人分散注意力且過度刺激，你可以把手機切換到飛航模式，讓電子郵件和簡訊不會在你需要專注的時候干擾你。

關閉你所有電子裝置所有即時通訊、簡訊、臉書、新聞和其他饋送資訊的通知。

取消訂閱／取消關注

若一電子報或推文通知並未提供你任何價值，請馬上取消訂閱或取消關注。先前令你感興趣的東西，現在未必仍然切要。清一下你的收件匣，可以使你更快速找到有用的資訊，減少你看信件的時間。定期重複這件事，可以產生最大益處。

投資於取得更大的螢幕空間

研究顯示，螢幕空間愈大，生產力愈高。有兩個全屏電腦螢幕或一個大尺寸顯示器，對生產力非常有幫助，若你需要同時觀看兩份以上的文件，能夠同時看到多個視窗，遠勝過只有一個視窗而必須在文件之間切換；前者較

不費力，也減少分心。

我在寫這本書時，經常需要同時開啟三到四份文件，所以我買了一台LG 38吋的螢幕。較大的螢幕讓閱讀文本更輕鬆，我也不需要經常在不同頁面或應用程式之間切換，讓我寫這本書節省了數百個小時的時間。

站立式辦公桌

若你在辦公桌前窩上多個小時，你的身體可能很容易疲勞、僵硬，導致生產力降低，活力減弱。一整天坐姿和站姿交替，有助於保持身體和大腦的活力，讓你的精力流暢，心智保持專注。

美國疾病防制中心所做的一項七週研究實驗發現，使用站立式辦公桌的實驗參與者，緊張與疲勞程度低於一整天一直採取坐姿工作的實驗參與者。使用站立式辦公桌的人當中，有87％的人整天的活力與精力提高。[6]

我每天的工作期間時間安排如下：

8:00 am	
8:30 am	打電話指導客戶，使用站立式辦公桌
9:00 am	打電話指導客戶
9:30 am	打電話指導客戶
10:00 am	打電話指導客戶
10:30 am	
11:00 am	休息，戶外走動30分鐘
11:30 am	處理電子郵件
12:00 pm	指導團隊1小時
12:30 pm	
1:00 pm	午餐30分鐘
1:30 pm	
2:00 pm	會議
2:30 pm	會議
3:00 pm	會議
3:30 pm	會議
4:00 pm	休息，做冥想20分鐘
4:30 pm	
5:00 pm	客戶電話
5:30 pm	客戶電話
6:00 pm	結束工作
6:30 pm	

現在，記錄一下你在工作期間常見的時間安排，想想工作／休息間隔、休息時間、你經常集中處理的事務等。

8:00 am	
8:30 am	
9:00 am	
9:30 am	
10:00 am	
10:30 am	
11:00 am	
11:30 am	
12:00 pm	
12:30 pm	
1:00 pm	
1:30 pm	
2:00 pm	
2:30 pm	
3:00 pm	
3:30 pm	
4:00 pm	
4:30 pm	
5:00 pm	
5:30 pm	
6:00 pm	
6:30 pm	

工作後

> 今天的勤勞，就是為明天做準備。
>
> —— 李小龍

我所謂的「工作後」，指的是完成你當天的工作後到就寢前的這段時間。我把這段時間區分為兩個部分。

第一個部分是結束工作後的兩到四小時，大多數的人對這幾個小時並不上心，大多把這幾個小時浪費於看電視或上網。

你的「工作後」時間，是投資於最重要事情的重要時段，它是你和家人與朋友相處、投資於你的個人成長、學習語言、閱讀、改善你的商業知識，或是為你信奉的理想當志工的時間。這個黃金時段可被用於帶給你快樂與進步的任何活動，請你務必善加利用。

第二個部分是晚上或你就寢前的一小時，聚焦於檢討這一天，並且為翌日做準備。下列是為翌日做準備時的兩件重要事項。

決定你隔天的前三大要務

「三重點法則」這個方法，要求你聚焦於對你的一天

最重要、貢獻最大的三件事。J.D.梅爾（J.D. Meier）在《敏捷成事》（*Getting Results the Agile Way*）中，建議用下列步驟實踐這個法則：[7]

1. 寫出你「今天」想要完成的三件事；
2. 寫出你「本週」想要完成的三件事；
3. 寫出你「今年」想要完成的三件事。

梅爾認為，很多生產力及時間管理制度的問題，在於它們需要大量間接成本，但「三重點法則」不需要。每天早上，你思考你今天必須做的主要三件事，然後就去做，這樣就行了。這是確定你必須聚焦於做什麼的一種好方法。

你應該挑選最重要的三件事，原因在於你的大腦已經被訓練成思考「三」，十分善於聚焦於這個數字，例如：就位，預備，起；金，銀，銅等……你知道我的意思。

在前一晚決定你的前三大要務，可以讓你在一天的開始就已經準備好，保持聚焦。

安排時間表

確定了翌日的前三大要務之後，接下來就是安排完成這三件事的時間，方法是把這些事務排入你的行事曆中。你的行事曆，是你致力於把你最寶貴的資產（時間），用於你最重要的事務上的記載文件。若你該做的事沒有記載

在行事曆上，並且安排好執行時間，你很可能會忘了這件事，或是做得不好。

　　你的日程表應該載明並提醒你每天選擇做什麼，指引你每天設定的意圖，代表你在生活和事業上重要的事。關於生產力，我信奉這句箴言：「不寫在行事曆上，就不會發生」，我會把所有重要的事項寫到行事曆上。

　　下列是我的工作後時間安排：

6:30 pm	
7:00 pm	閱讀
7:30 pm	為我寫的書做研究
8:00 pm	8到10點和我的女友相處
8:30 pm	
9:00 pm	
9:30 pm	
10:00 pm	填寫「完成一天表單」
10:30 pm	上床準備睡覺
11:00 pm	
11:30 pm	

你可以在下表填寫你的工作後時間安排：

6:30 pm	
7:00 pm	
7:30 pm	
8:00 pm	
8:30 pm	
9:00 pm	
9:30 pm	
10:00 pm	
10:30 pm	
11:00 pm	
11:30 pm	

完成一天表單

「完成一天表單」是一個在一天終了時處理與減壓的重要工具。每天完成這份表單，將幫助你分析與評量這一天的表現，讓你釐清一些事、指引你方向，並且為翌日做好準備。下列步驟指示幫助你完成這份表單。

今天

1. 寫出你今天最重要的三項成功（不論大小）。做得好的，就必須肯定。

2. 寫出你今天面臨的任何挑戰，好讓你認知並處理它們。

3. 列出你將來可以用來克服這些挑戰的工具，例如：4—7—8呼吸法、頭－心－身正念法、三步驟重新開始策略等（關於這些策略，請見第10章。）

4. 今日倒帶 —— 閉上眼睛，重播今天，從起床一直到現在。注意你希望有所不同的部分，然後想像今天重來一次，按照你想要的情節走。這個方法可以強化並編入未來使用的正確策略。

5. 最後，寫出你感恩的三件事。這麼做，能夠幫助你正面地結束這一天。

明天

1. 今天差不多要結束了，可以開始為每天做準備了。首先，列出你明天想聚焦的前三大要務。

2. 確立你明天的意圖，以強化明天的這前三大要務。

3. 寫出你明天將使用的任何效能工具。

完成一天表單
日期：
今天
1. 最重要的三項成功： 1.) _____ 2.) _____ 3.) _____
2. 挑戰： _____ _____
3. 我可以使用什麼工具來克服這些挑戰？ _____ _____
4. 今日倒帶，想像「我希望是什麼樣子」：

5. 我感恩的三件事：

1.) _____

2.) _____

3.) _____

明天

6. 前三大目標／要務：

1.) _____

2.) _____

3.) _____

7. 這些要務的意圖：

_____

_____

_____

8. 我將使用哪些效能增進工具？

_____

_____

_____

每週與每月檢討表單

　　學會填寫「完成一天表單」後，接著再學習填寫每週和每月檢討表單，藉由填寫這些表單，你將學會如何定期評量你的表現，持續作出調整與改進，追求發揮你的最大潛能。

每週檢討表單

　　每週結束時，填寫「每週檢討表單」。遵循下列步驟指示，檢討與修正你的表現：

1. 圈選你對本週表現的滿意度（1分代表最不滿意，10分代表最滿意。）
2. 寫出你本週最重要的三項（或更多項）成功。
3. 寫出你本週學到的三項最重要啟示。
4. 寫出你本週面臨的最大挑戰，以及你將如何克服這項挑戰。
5. 你是否能夠藉由運用時間，作出任何改進？
6. 你本週活在當下及專注現時的表現如何？（1分代表最不滿意，10分代表最滿意。）
7. 寫出你最感恩的三件事。

每週檢討表單						（日期：　　　　　）			

1.圈選我對本週表現的滿意度（1分代表最不滿意，10分代表最滿意。）

1	2	3	4	5	6	/	8	9	10

2. 我本週最重要的三項（或更多項）成功是什麼？

1.) ＿＿＿＿＿＿＿＿＿＿＿＿＿＿＿＿＿＿＿＿＿＿＿＿＿＿＿

2.) ＿＿＿＿＿＿＿＿＿＿＿＿＿＿＿＿＿＿＿＿＿＿＿＿＿＿＿

3.) ＿＿＿＿＿＿＿＿＿＿＿＿＿＿＿＿＿＿＿＿＿＿＿＿＿＿＿

3. 我本週學到的三項最重要啟示是什麼？

1.) ＿＿＿＿＿＿＿＿＿＿＿＿＿＿＿＿＿＿＿＿＿＿＿＿＿＿＿

2.) ＿＿＿＿＿＿＿＿＿＿＿＿＿＿＿＿＿＿＿＿＿＿＿＿＿＿＿

3.) ＿＿＿＿＿＿＿＿＿＿＿＿＿＿＿＿＿＿＿＿＿＿＿＿＿＿＿

4. 我本週面臨的最大挑戰是什麼？我將如何克服這項挑戰（我將使用什麼工具）？

1.) ＿＿＿＿＿＿＿＿＿＿＿＿＿＿＿＿＿＿＿＿＿＿＿＿＿＿＿

2.) ＿＿＿＿＿＿＿＿＿＿＿＿＿＿＿＿＿＿＿＿＿＿＿＿＿＿＿

3.) ＿＿＿＿＿＿＿＿＿＿＿＿＿＿＿＿＿＿＿＿＿＿＿＿＿＿＿

5. 我是否能夠藉由運用時間，作出任何改進？
1.) _____
2.) _____
3.) _____

| 6. 我本週活在當下及專注現時的表現如何？（1分代表最不滿意，10分代表最滿意。） |

1	2	3	4	5	6	7	8	9	10

7. 我最感恩的三件事是什麼？
1.) _____
2.) _____
3.) _____

每月檢討表單

我強烈建議你，不只每週檢討與評量，每個月底也做一次。藉由檢視更大的每月面貌，可以看出你在更長期間內達成了什麼，也可以讓你看出你的精力、專注力和效能型態。

每月檢討表單　（　　　年　　　月）

1. 圈選我對這個月表現的滿意度（1分代表最不滿意，10分代表最滿意。）

1	2	3	4	5	6	7	8	9	10

2. 我這個月最重要的三項成功是什麼？

1.) _____

2.) _____

3.) _____

3. 我這個月學到的三項最重要啟示是什麼？

1.) _____

2.) _____

3.) _____

4. 我這個月面臨的最大挑戰是什麼？我將如何克服這項挑戰（我將使用什麼工具）？

1.) _____

2.) _____

3.) _____

5. 我是否能夠藉由運用時間，作出任何改進？具體行動項目：

_____

_____

_____

6. 我這個月活在當下及專注現時的表現如何？（1分代表最不滿意，10 分代表最滿意。）

1	2	3	4	5	6	7	8	9	10

7. 和上個月相比，我這個月有進步嗎？哪些方面進步？

_____

_____

_____

　　為求持續進步，把你所有的表單儲存起來，電子形式或紙本形式皆可。這不僅讓你容易定期回顧自己的表現，也可以提醒你數週和數個月累積下來的所有成就。

　　花時間做準備，你花在規劃每一天的時間，將為你節省更多時間，提升你的時間效能與生產力。相信自己，你會進步，你的事業和生活將迎來更多財富、幸福與成就。

第 10 章

正念多工作業，
還有一些提升效能的好方法

別發牢騷，別抱怨，別找藉口。
—— 安琪拉・達克沃斯（Angela Duckworth）

我們全都想要效能 —— 行動、執行、達成、成就。是的，這些以及更多的工夫構成效能，我相信，這是你閱讀本書的主要原因之一。

閱讀本書至此，你應該已經知道，我與你分享的原則，並非只有追求效能，還有如何在時間效能之下，盡可能最快獲得成果，在過程中享受樂趣，創造美好的回憶。

過去二十五年來，我受託於高階主管、執行長、企業家、軍方領導人、職業運動員和名人，幫助他們做到最佳效能。在本章，我將分享我的工具、方法、訣竅與策略，幫助你用更少時間做到更多、獲得更多、成就更多。

被打斷後，如何迅速回復？

影響人們的效能的最大盲點之一是，沒有預備如何處理一天當中遇到干擾的狀況。

干擾的發生，無可避免，我們全都知道；但是，你如何處理這些干擾狀況，很可能影響你的成敗。當干擾發生，導致偏離軌道時，有因應策略，將可確保你仍然一貫展現效能。

在日常工作與生活中，總是有意料之外的事情發生，有常見的干擾，有一般的分心，還有重大危機。在我的教練指導工作中，我經常看到各種組織階層的個人，因為犯了一個關鍵錯誤，嚴重損及他們當天的生產力與效能。當偏離軌道時，他們沒有一套因應策略，幫助他們復歸高效能狀態。偏離軌道時，他們似乎驚訝，甚至震驚，藉口因為發生意料之外的事，導致他們沒有足夠時間，因此不能完成計畫中的事。

事實是，意外之事天天發生。當人們分心時，要不就是花太長時間才重返軌道，要不就是當天剩下的時間完全迷失，沒能再做有生產力的事。我們應該認知到，干擾與分心必然會發生，我們無須、也不可能阻止它們，務實的做法是有一套預先準備的策略，幫助你復歸高效能狀態。

高效能人士懂得如何在偏離軌道時，快速重返軌道。

三步驟重新開始：覺察─補救─再投入

這一節介紹的三步驟，能夠幫助你快速重返正軌。

步驟1：覺察

首先，當你偏離軌道、不再專注於你當天的計畫與行程安排時，你必須有所覺察。我從克里斯・貝利（Chris Bailey）的《極度專注力》（*Hyperfocus*）中學到了一種方法 —— 設定他所謂的「覺察鐘」（awareness chime）：在你的手機上設定鬧鐘，每隔一小時響一次，提醒你檢查過去一小時，你的注意力擺在何處。[1]這是個非常有幫助的工具，藉由養成每小時檢查你的專注力的習慣，鍛鍊你的覺察心智肌肉。

例如，當鬧鐘響起，你進行檢查時，你覺察到原本計畫30分鐘的一場會議，竟然花了超過一小時，現在導致你當天安排的其他行程都落後了。

步驟2：補救

現在，你已經覺察你偏離軌道，你必須對這一天作出補救：評估你必須作出什麼調整或改變，以完成今天最重

要的事務。評估之後，合適的補救做法可能是取消較不急迫的事項，或重新安排做這些事項的時間，把你的精力和專注力重新導向當天其餘的最重要事務。例如，你可能把午餐時間的健身安排到當天工作結束後，或是把一場不是很重要的團隊會議改到他日。

重點是，別試圖把你原先安排的事務壓縮至當天剩下的時間裡，例如，把原先安排需要三小時的事務壓縮成一小時。你作出的調整，必須支持你的生產力與效能，而不是減損它們。

步驟3：再投入

再投入指的是使你的身心回復你的最佳效能狀態，這可能需要你個別或結合使用下列方法，讓你復歸或重新聚焦：冥想、視覺化、頭－心－身正念法、4—7—8呼吸法、步行5分鐘、卓越圈（circle of excellence）等，這些方法後文中會介紹。

下列是三步驟重新開始策略的一個例子。你覺察你剛才花了30分鐘在線上瀏覽新車款，覺察到你已經偏離今天的時程安排後，你作出補救，取消你將前往附近咖啡店午餐30分鐘的行程。接著，你做一連串的4—7—8呼吸，或是休息5分鐘，使你復歸你的最佳效能狀態，使你當天

的其餘時間返回正軌。

科技與效能

　　我從輔導客戶的經驗中發現，人們對於科技與如何有效使用科技，普遍存在迷思。我們相信科技是時間的偉大救星，可以幫助我們節省時間，獲得更多自由，提高生產力。但實際上，科技使我們愈想要以更少的時間做更多事，這往往導致我們同一時間不只做一件事。隨著事務增加，我們用以做事的科技裝置也增加。

　　在多事務和多裝置下，我們對刺激上了癮。我們把自己訓練成往往不臨在當下，因為我們不停地在各項事務和各項裝置之間來回切換。

　　現在，我們發現愈來愈難在任何時刻保持專注或產生最高生產力，因為我們的大腦對刺激的分心上了癮，總是試圖把我們帶離最重要的事務。我們想利用科技提高生產力的做法，引領我們走上多工作業的生活。

　　這一切的分心與過度刺激，侵蝕了我們的專注力，讓我們付出代價，損失時間、金錢和生產力。我們現在的生活被一種錯誤的信念駕馭，這種錯誤的信念就是：多工作業是在我們的私人生活與工作生活中生存的唯一之道。

正念多工作業

　　我們的大腦的最佳作業狀態，是當我們專注於單一事務時。許多人以為他們真的在多工作業，但他們其實是在工作之間切換；這意味的是，他們不斷地把焦點從一件事務轉移至另一件事務，每次在每件事務上停留短暫時間。對許多人來說，那些短暫時間加總起來，構成了他們的一整天。

　　下列是一些多工作業的例子：邊騎飛輪，邊聽有聲書；邊摺衣服，邊和朋友通電話。這兩個例子顯示，你可以有效地同時做兩件事，而且都能投入與專注，這是因為它們是需要極低度注意力的習慣性活動。當你做的是需要低度注意力的習慣性活動時，這類多工作業確實對時間的利用很有益。

　　但是，我們在此要探討的是在各項工作之間切換的多工作業。我知道，許多人認為自己很擅長多工作業，不過，時間淨化系統將要揭露，傳統形式的多工作業，其實是時間和生產力的殺手。

　　加州大學爾灣分校研究多工作業後發現：「一般的辦公室工作者平均每3分又5秒鐘被干擾或切換工作，平均得花23分又15秒鐘才能重返原工作。」[2]

　　倫敦大學的一項研究發現，當我們嘗試多工作業時，我們損失高達 10 分的智商。[3] 史丹佛大學的研究發現，多工作業影響記憶，人們在多工作業時，生產力低於一次只做單一工作。[4]

　　多工作業創造出我們正在完成更多事的假象，使我們感覺良好，主要是因為分泌了感覺良好的化學物質多巴胺。多工作業實際上導致我們進行更多活動，生產力降低，工作品質降低。從諸多研究可明顯得知：儘管多工作業可能令我們感覺良好，實際上並未能改善我們的效能。

　　多工作業的能力，看起來像是能夠提高生產力和節省時間的一種技能，其實是以你可能甚至未能覺察的方式偷走時間，包括：

- 降低你的效率
- 降低你的專注力
- 使你的體驗品質變差
- 對你的綜觀能力有負面影響
- 增加錯誤
- 形成一種不良習慣
- 訓練你的大腦尋求刺激與分心
- 阻礙你進入「心流」狀態的能力

　　所以，我們該怎麼辦呢？學習正念多工作業

（mindful multitasking）。正念多工作業是藉由留神地覺察你在工作之間切換，以做到臨在當下。

正念多工作業要你有所準備，清楚知道在接下來的一段時間，你將在各項工作之間切換。在正念多工作業的過程中，你將留神地覺察你正在從一件工作切換到另一件工作。在覺察和切換工作時啟動正念，使你的時間效能和生產力最大化，而不是像傳統、不留神的多工作業，減損你的時間效能和生產力。

保持這種覺察你在工作之間切換的習慣，最終你將建立在切換工作之間一直都臨在當下的能力，歷經時日，就會發展出在多工作業時保持專注留神的技巧。

練習正念多工作業，你將會發現，你的一天過得更有效率、更有意義、更有條不紊。當你更能夠活在當下，你就會開始復歸，重新和你的行動的背後意圖連結，減輕傳統多工作業的負面影響。

正念多工作業的步驟

你必須認知到的一點是，有成效的多工作業，其實並不是同一時間做兩件事，而是當你把注意力來來回回地在工作之間切換的同時，保持臨在當下。你原本只留神於你的第一件工作，當別的工作需要你轉移焦點時，你留神地

轉移你的注意力至下一個工作。

正念多工作業有三步驟：

步驟1：思考你為何要多工作業。有意識地去考慮多工作業（在工作之間切換）的決定，思考這麼做的背後意圖與目的。雖然你採行的是正念多工作業，你必須知道，這麼做仍然是聚焦於不只一件事，仍然會影響你的整體生產力及效能。你必須知道，這將使你無法進入利害關係更高或價值更高的狀態；長期來說，你可能會付出代價，例如，工作必須重做、溝通不良、產出品質不佳等。

步驟2：選擇低價值、低後果的活動，別選擇高利害關係的談話或互動。

步驟3：對多工作業訂定明確目標及時間量上限 —— 我稱為「快速多工作業」，設定10到20分鐘的短時間，這樣的多工作業可能很有成效。有意識地開始及停止，這樣的正念多工作業最有成效。

當你開始採行正念多工作業，而非傳統的多工作業時，你將會看到下列的正面改變：

傳統的多工作業	正念多工作業
不留神	留神
不臨在當下	臨在當下
反應	回應
沒有時間量上限	設定時間量上限
單一聚焦	全面留神
切換	轉移
自動模式	有意識的選擇
失控	掌控
創造緊張	降低緊張
容易失誤	較少錯誤
降低生產力	提高生產力和效能

　　使用正念多工作業，你將享受有更多時間做你生活中最重要之事的好處。

留意控管如何使用科技工具

　　接著來看看，如何在真實生活中控管你的科技工具。

下文敘述我的客戶面對的一些常見情境，以及你可以如何改變，更留心地控管你的科技工具。

孩子的活動

當你知道你將因為參與孩子的活動，暫時沒空處理其他事務時，事先讓所有將受到影響的人知情。如果可以的話，預先處理完重要的急迫事務、簡訊、電子郵件、電話等，為參與孩子的活動做好準備。這些簡單步驟，將減輕你因為正在參與孩子的活動，而不能使用科技工具的焦慮與緊張感。

花三分鐘有意識地換檔（例如透過深呼吸、冥想或自我談話），進入臨在當下的狀態，充分投入。放下其他想要爭取你的注意力和精力的事務，完全投入於孩子的活動中。你的臨在當下將影響周遭人的感受及活動，讓他們看到你在傳簡訊，或是讓他們看到你積極地觀看及鼓勵他們，這兩者有很大的差別，後者遠比孩子的表現及活動結果更為重要。

☑ **做**：把你的手機調成震動模式或關閉，放在你看不到的地方。安排在活動結束後，有一段時間去處理在孩子活動期間進來的簡訊、電子郵件、電話等。

☒ **別做**：別在孩子活動進行期間使用手機收發簡訊，

查看社群媒體或接聽電話。

晚餐

知道你將外出用餐兩小時，事先讓所有將受到影響的人知道你這兩小時將無暇處理其他事務。如果可以的話，預先處理完重要的急迫事務、簡訊、電子郵件、電話等。

☑ **做：**專注於與共同用餐者談話和互動，別讓電子裝置干擾你。若你打算拍照，或是讓共同用餐者看一段影片或照片，事先決定做此事的時間點，例如主菜吃完、上點心之前等，並且設定時間量上限。若你因故而絕對需要使用你的手機，務必向共同用餐者致歉，去大廳或外面打電話，以免干擾到在座者繼續交談。別忘了你參加這頓晚餐的理由，臨在當下，受益於參與其中。

☒ **別做：**別把你的手機放在餐桌上，別在用餐過程中接聽電話、查看或傳送簡訊，或是在社群媒體上貼文。

在車上

我們在車上度過的時間很多，很容易受誘惑而使用我們的電子裝置。但不論你是駕駛人或乘客，想想這麼做涉及的危險。此時，應該專注於當下正在做的事，而非查看你的電子裝置。我們全都清楚開車時分心導致車禍增加的

巨大成本。

☑ **做**：注意你的周遭，當車內有其他人和你交談時，專心於交談；若你獨自開車，可以聽有聲書或音樂，或是單純享受安靜。

☒ **別做**：別查看或傳送簡訊，別講電話，縱使有免持功能，也別做這些。研究顯示，縱使以免持方式講電話，也會削弱你的反應，其削弱程度等同於喝一、兩杯酒造成的影響。

行走

當行人戴著塞孔式或頭戴式耳機時，處境警覺力降低，導致的行人事故顯著增加。

☑ **做**：保持對你周遭的警覺。

☒ **別做**：行走中，別看手機或簡訊，別戴耳機或講電話，這些都會分散你對周遭的注意力。

會議

研究顯示，把你的手機放在你看得到的地方，可能降低開會的成效。

☑ **做**：為每場會議安排明確的召開時間及持續時間。當個積極的聆聽者，和發言者保持眼神接觸，作筆記。若

你必須使用你的手機或電腦，務必關閉音訊通知功能。會議結束時，務必人人都知道誰將在何時之前完成什麼；若你不清楚，一定要發言詢問以求釐清。若你需要安排後續追蹤或接續會議，切記這麼做。

☒ **別做：** 別在會議中查看或發送簡訊、電子郵件，或使用社群媒體。別把你的手機拿出來，光是看手機這個動作，就會中斷你的思路，侵蝕你的專注力，除非你是用它來作筆記。

度假

度假前的準備很重要，別讓你的度假變成「工作度假」（workcation）——在工作和放鬆與遊玩之間切換焦點。這樣在度假結束時，你的精神將不會煥然一新。

☑ **做：** 在出發去度假前，把所有私人及工作上的事務處理完畢。若有未能處理完畢的事務，全部委任給他人，或是讓相關者知道你將去度假，何時回來做後續處理。若你真的有必要在度假期間工作，開闢專門工作時間，時間結束，就完全回到度假模式。

☒ **別做：** 別任意或隨興地查看電子郵件及簡訊。休閒時間就該休閒，不該拿來查看工作。

買回你的時間

如前文所述，研究顯示，買回你的時間有助於增進幸福。下文敘述的做法，能夠幫助你節省很多時間，讓你有更多時間投注於對你而言最重要的事情。

使用載送服務

優步（Uber）和來福車（Lyft）對我和我的客戶幫助甚大，載送服務是一種可以使你的時間和生產力最大化的寶貴工具，讓別人把你從 A 地載送至 B 地，途中時間可以用來打銷售電話、寫報告、做規劃，和客戶作後續追蹤聯繫，精力充沛地抵達目的地。建議你認真考慮使用載送服務來提高你的生產力。

線上購物

亞馬遜網站之類的線上購物平台，可以大大地節省你的購物時間。亞馬遜網站是我最喜歡的網站之一，我是它的早期採用者，從 2007 年至今，它為我節省了無數小時的出行與購物時間。舉凡辦公用品、衣服、食品，都可以在線上購買，當日或隔日就遞送到府。

使用代勞或跑腿服務

你可以使用NeedTo、TaskRabbit、Handy之類的服務平台，雇人代勞或跑腿。舉凡打包及搬家、住屋修繕、雜務工作等，都有代勞服務。

料理食材／餐點外送服務

使用料理食材／餐點外送服務，可以節省你外出採買食材和烹飪的時間。計算一下自己烹飪所需花費的時間，你會驚訝地發現餐點外送服務可以為你節省多少時間。Send a Meal、Freshly、Prepped、Blue Apron，這些都是可以考慮的外送服務。

善用科技工具提高生產力

手機、電腦、平板電腦，這些全都可以透過種種方式，幫助提高你的生產力。下列是我個人喜歡使用的應用程式，它們能夠幫助你變得更有效率，加速你的成果，大幅提升你的生產力。

1. **訂定目標。** 把你在人際關係、財務、工作、健康和幸福等領域的目標，寫在你可以經常看到的地方，提醒你把時間花用於何處，並且確保你

保持專注。在這方面，我喜歡使用的應用程式是
GoalsOnTrack。

2. **節制使用社群媒體網站。** 使用 www.Rescuetime.com
之類的資源，來幫你把花在社群媒體上的時間減
半。漫無目的地在網際網路上瀏覽，是大多數人一
大浪費時間的活動，RescueTime 應用程式是一種
時間管理程式，監視你在電腦上的活動，提供你的
每日生產力報告。

3. **計時器。** 利用計時器設定你做事、看臉書、講電
話、和朋友交談、觀看網飛影片或節目等的時間量
上限，有助於防止你迷失時間。現在，多數手機上
都有這項功能。

4. **取消訂閱的工具。** 應用程式 Unroll.Me 追蹤你的所
有訂閱，發送一封電子郵件，提供一份你的所有
訂閱清單供你檢視，並且列有「取消訂閱」的點
選功能。當然，你也可以忽視這封電子郵件，維
持現狀。

5. **處理被電子郵件淹沒的問題。** 第三方應用程式
Sanebox（www.sanebox.com）和電子郵件客戶合
作，目的是只讓重要訊息進入你的收件匣，其餘電
子郵件被傳送到另一個資料夾，然後，在每天終了

或你指定的一個時間，它將會發送一則訊息給你，
內含那個分開的資料夾中的所有電子郵件。

6. **自動回覆**。Gmail.com及其他的電子郵件服務有一種
工具，讓你為常見的詢問製作「制式回覆」，你可
以使用這項工具來減少你查看電子郵件時的回覆量。

7. **整理與管理**。Evernote是簡便且多用途的應用程式，
可以儲存你的文件和筆記（影音或文本），整理你
的照片，設定提醒功能，上傳附件，讓你的各種桌
上型及行動裝置全部同步。Evernote的書籤功能讓你
標示網站文章，儲存起來，供稍後閱讀。若你經常
在各種裝置之間跳用，這款應用程式對你而言應該
很實用。Monday.com這種專案管理應用程式，幫助
你用視覺工具來規劃、組織、追蹤你的工作。

8. **密碼**。若你受不了及厭煩了經常想不起密碼（然後
只能重設密碼），你可以使用一個系統來幫助你儲
存密碼。例如，LastPass記住你的所有密碼，而且
可以使用於多種裝置，這款應用程式把你的種種密
碼儲存起來，也審視它們，幫助你建立更好、更安
全的密碼。

9. **工作／休息間隔**。應用程式Time Out旨在提醒你
暫停工作，休息一下，而且該應用程式提供彈性客

製化功能。我們很容易養成連線使用電腦多小時的
不良習慣，你關心你正在做的事，有時可能太過壓
迫自己，或是太過緊繃。人的身體不宜保持坐姿、
抓著滑鼠或在鍵盤上操作連線過多小時，Time Out
會溫和地定時提醒你應該休息一下了。

10. **寫作輔助**。Grammarly 是一款節省時間的應用程
式，幫助你改善你的英文寫作，以及它產生的成
效。這款應用程式自動偵查文章中的潛在文法、拼
字、標點符號、字彙選擇、文體等錯誤，並且根據
文脈，提供遣詞造句、文體，以及是否抄襲等層面
的建議。你可以在瀏覽器上使用 Grammarly，也有
iOS 系統和安卓系統（Android）的應用程式版本。

11. **追蹤手機的使用情形**。應用程式 Moment 幫助你以健
康方式使用你的手機，把時間還給你生活中最重要
的部分。它讓你看出你每天花多少時間或浪費多少
時間於你的手機，以及你最常使用哪些應用程式。

12. **復元應用程式**。Headspace 和 Calm 之類的應用程
式，可以幫助你減輕緊張、改善睡眠、改善專注
力、減輕焦慮，並且提供冥想教學、配樂與影片。
這類應用程式能夠幫助你保持專注、改善效能，從
一天的忙碌疲累中復元。

運用老派方法：紙＋筆

　　科技裝置和應用程式，雖然是幫助提升生產力與條理的好工具，我仍然高度建議使用筆記本寫下你最重要的三件事及待辦清單。用白紙黑字寫下來，可以避免我在接觸手機或電腦時可能發生分心，而且在白紙上對完成項目打勾，能夠帶給我滿足感！

　　我也會使用便利貼來提醒自己重要事項，不論是想寫出今天的意圖時，或是寫下我的主要聚焦事項時，或是給自己一個重要提醒時，我都會選擇使用便利貼。

淨化你的手機

　　手機是幫助提升效能的好工具，但前提是你必須正確且有成效地使用它。為了提升你的整體效能，你能夠做的最簡單、但最有助益的事情之一，就是淨化你的手機，使它為你效勞，而非對你造成傷害。如第1章所述，在你的手機上的每一次接觸、每一次滑動、每一次點擊、每一次觀看，都是使用你的時間。下列淨化手機的訣竅，可以幫助你控管你的專注力、注意力和時間。聰明利用手機來幫

你做事，別反過來讓手機利用你。淨化你的手機時，考慮你的生活型態及工作需要，據以調整下列建議。

1. **淨化你的主畫面。**把所有不重要的應用程式圖標移到次畫面，這個小小的改變，就能減少讓應用程式占用你的時間的可能性。有了一個淨化後的主畫面，你可以留心地選擇用你的手機來做什麼。

2. **把螢幕改成灰階。**為了降低手機的魅惑及吸引力，你可以把螢幕調成黑白顏色，而非鮮明色彩，它的誘惑力就會降低，你將不再那麼容易被它吸引。

3. **移除社群媒體應用程式。**刪除臉書、推特、領英（LinkedIn）、Snapchat 和其他的社群媒體應用程式，這些應用程式經常抓住你的注意力，移除它們，意味的是你將不再玩它們！

4. **移除電子郵件應用程式。**經常連結至電子郵件系統，將會增加時間壓力和焦慮感，如前所述，制定策略限制查看電子郵件。

5. **關閉所有通知功能。**若簡訊、電子郵件、臉書或 Instagram 不會一有啥動靜就通知你，你就不會經常去查看你的手機。這些通知已經變成不停干擾的惡魔，你必須擺脫它們。

6. **移除所有無用的應用程式。**無用的應用程式占據你

的手機和你的大腦空間，把所有對你的生活型態、生產力和效能沒有助益的應用程式移除掉。

7. **在淨化後的手機主畫面上，換上一張激勵照片或一句嘉言。** 每次看到，就會提醒你臨在當下，對你的時間作出有益的運用。

8. **把手機收起來。** 工作時，把手機放在你看不到的地方。研究顯示，光是看得到你的手機，就會降低你的注意力及學習成效達10%。

9. **設立手機禁區。** 設立新規定 —— 哪些地方不能擺放或使用手機，例如臥室或餐桌上。設定手機禁區，可以讓你和自己及他人建立連結，幫助你擺脫對手機的依存症。

10. **設定不使用手機的時段。** 設定一天當中不使用手機的時段。這麼做，能夠幫助你回復你的焦點、注意力或精力。

效能工具

> 有人想要實現，有人希望實現，有人則是設法實現。
>
> —— 麥克·喬丹（Michael Jordan）

下列工具、方法與訣竅，旨在使你的身心做好準備展現

最高效能，幫助你充電、復元，以保持你的效能的一貫性。

1. 擁有足夠睡眠

　　若說有什麼會全面影響你的整體時間效能，那鐵定是睡眠了！睡眠是展現及維持高效能的首要要素，美國疾病防制中心發表的新研究調查顯示，超過三分之一的美國人經常睡眠不足。[5]

　　睡眠不足會影響決策、反應時間、思辨能力、記憶力，降低你的免疫力，減少你賴以作出最佳表現的認知與情緒資源。

　　一項研究檢視睡眠時數及睡眠債的影響性，結果顯示，在睡眠減少的情況下，人們認知的工作壓力較高，更常多工作業，更常使用社群媒體，更常陷入負面情緒。

　　由於睡眠是如此重要的效能提升因子，以至於職業運動隊通常都會聘雇一名睡眠教練。

　　在我的教練工作中，我一貫地發現，睡眠量適足的客戶表現最佳。我也經常發現，當承受時間不足以完成生活及工作上的所有事務時，睡眠是人們首先犧牲的項目之一。關於睡眠的一大優點是，你可以一夜補眠，好好地睡上一晚，就能獲得提升效能的所有益處。

　　下列是一些幫助改善睡眠品質及連續性的訣竅：

- 建立固定的就寢和起床時間。
- 臥室中別擺放電視及任何藍光電子裝置，例如手機、平板電腦等。
- 臥室保持黑暗、安靜、涼爽（16~20℃）。
- 就寢前，做些有助於放鬆的事，例行冥想、練習呼吸等。
- 購置好的床墊與枕頭。
- 睡前寫下翌日待辦清單，這樣就可以移除你腦海中的清單。
- 填寫第9章的「完成一天表單」。
- 聽些放鬆音樂，幫助改善睡眠。

2. 為你的一天添加燃料

　　效能的要素之一是健康與體適能，跟睡眠一樣，關於健康與體適能這個主題的資源很多，但有一個我再怎麼強調都不為過的重點：體適能與營養非常重要，它們是提升你每天每個小時的時間效能、精力或專注力的關鍵要素。健康與強健，使你的身體生理化學受益無窮，因此我敦促你認真看待你的體適能與健康，把它們視為展現時間效能不可或缺的一部分。

　　找一個適合你的目標及意圖的健康與體適能方案，

我個人採用的是馬克・麥唐納創立的威尼斯營養中心
（Venice Nutrition, www.venicenutrition.com）。我聘用馬克
擔任我個人的營養師已經近二十年，他是這個領域中世界
知名的專家暨暢銷書作者。適合你的生活型態的方案很
多，重點是找到合適你的，開始、並持之以恆，這是投資
並提高你的時間報酬的最佳領域之一。

3. 喝咖啡後小睡

　　喝咖啡後小睡一下，非常有助於白天提振活力及生產
力。我從效能研究者、防彈咖啡的創始人大衛・艾斯普瑞
（Dave Asprey）那裡學到這個方法，他如此解釋這個方法
和原理：[6]

> 喝進的咖啡因通過你的小腸，吸收後進入你的
> 血液，啟動你的大腦化學物質，並阻斷腺苷
> （Adenosine）受體。腺苷是一種轉移能量、導致
> 睡意的化學物質……當咖啡因取代受體中腺苷
> 的位置時，將產生反作用：神經細胞加速作用，
> 發揮咖啡因的提神及專注作用。所以，喝完咖啡
> 後立即小時 20 分鐘，有什麼作用呢？咖啡後小
> 睡，這睡眠能夠自然地清除你大腦內的腺苷！

喝進咖啡因後，需要20分鐘後，才會充分啟動作用。因此，當你從小睡中醒來後，你已經充完電、恢復精力，咖啡因也已經取代了受體中腺苷，可以開始發揮提振作用了！

4. 4—7—8呼吸法

呼吸是立刻減輕壓力與焦慮的最佳方法之一。當面臨緊張情況或是試圖清心及放鬆時，你大多會聽到人們說「深呼吸」吧？這是有理由的：有意識地呼吸，幫助我們的心智立刻放鬆，讓更多的氧進入我們的血流，使我們的身體恢復順暢運作。

呼吸是我們生存的必要能力，但由於我們自動呼吸，因此呼吸也就被多數人忽視。可是，想想看，我們未來的每一分鐘，都仰賴我們的下一口呼吸呢！

亞利桑那大學附設整合醫學中心（Arizona Center for Integrative Medicine）創辦人暨主任安德魯・威爾（Andrew Weil）解釋，每一次的呼吸都會對我們的整個生理系統產生正面影響，包括提振我們的精力、降低血壓，改善我們的體內循環，在沒有藥物干預下，減輕焦慮症。

我把我從威爾醫生那裡學到的4—7—8呼吸法，傳授給我的許多客戶。[7]這些客戶表示，這種呼吸法顯著減輕

他們的壓力和焦慮，使他們平靜、頭腦清醒、更專注，效能更高。

　　下列是4—7—8呼吸法的分解步驟，能夠快速減輕你的焦慮、壓力及身體緊張：

1. 在椅子上坐直，閉上眼睛，徐緩呼吸，讓你的身體開始放鬆。

2. 舌尖輕輕抵在上排牙齒後方，整個過程（包括吐氣時），舌尖都保持於這位置。

3. 嘴巴閉著，從鼻子和緩地、但充分地吸氣，在腦海裡默數至4。

4. 屏住氣，在腦海裡默數至7。

5. 從嘴巴慢慢地吐氣，在腦海裡默數至8，並發出呼氣聲。

6. 再重複步驟3至步驟5兩次，全程保持相同的默數節奏。

　　一開始，每天練習兩次，嫻熟之後，你就能夠隨時隨地使用這個方法。每當你感到惱怒或被刺激時，在作出反應之前，先做4—7—8呼吸，你就會冷靜下來。它幫助你作出回應，不是反應。這個方法也非常有助於你入睡。

5. 頭－心－身正念法

　　在現今步調快速的世界，為展現及維持高效能，很重要的一點是作出正確決定，把我們的時間與精力導向保持於正軌。我把正念教育者潘蜜拉‧魏斯（Pamela Weiss）發展出來的一種快速正念法加以改造，取名為「頭－心－身正念法」（head-heart-body mindfulness）。[8]

　　下列步驟可以幫助你快速建立連結、保持聚焦，帶著智慧留神前進：

1. 深吸一口氣（閉上或張開眼睛皆可），吐氣，讓你的身體鎮定、放鬆。

2. 把注意力放在你的頭部，注意你的思想。你看到什麼景象？你想起什麼？你在檢視什麼？僅僅觀察即可，別作任何評斷，也別試圖改變你的想法，只須去注意你的心智型態。

3. 接著，把注意力下移至你的胸部（或心臟位置）。深吸一口氣，吐氣，現在，注意你的心情（感覺或情緒）。僅僅注意即可，別作任何評斷，也別試圖改變什麼。

4. 接著，把注意力轉移至你的腹部，再一次深呼吸，注意你的腹部起伏，然後開始掃描你的身體，注意

你身體的感覺，別作任何評斷，也別試圖矯正或改變什麼。

5. 現在，想像你的頭、心、身相互連結與溝通，在心裡問自己：「我現在需要什麼？」注意你內心作出的任何回答，例如：休息；吃一頓；冥想；運動；專注於你的工作或私人生活的某個事務或主題。

這個評估可能只需要花一分鐘，也可能需要更長的時間。常做這頭－心－身正念，你就能夠更好地、更留神地作出有助於你的效能的選擇。

6. 卓越圈

卓越圈這個方法，是神經語言程序學（Neuro-Linguistic Programming）創始人之一約翰・葛蘭德（John Grinder）發展出來的。[9] 這個工具非常有助於創造高效能狀態，使你以高效能展開一天，或是以高效能處理重大情況或活動，或是讓你在偏離正軌時，重新聚焦。下列是這套方法的步驟：

步驟1：回想你把某件事做得極好的某個過往情境。當時，你充滿信心、有力量、很成功，你感覺自己銳不可當。回想某個這樣的情境，若你想不到，那就用想像的，想像你銳不可當的情境是什麼模樣。

步驟2：在你的腦海中，於地上離你大約30公分的前方，畫一個直徑大約90公分的大圓圈，大到可以讓你踏進去。接著，想像把你的記憶中的那個情境，放進這地上的大圓圈裡。

步驟3：現在，想像你踏進這圓圈裡，進入你的這個記憶中，這是你的卓越圈。讓精力從你的雙腳流向你的頭部，用你的這個記憶的正面思想與情緒沖刷你的全身，讓那些感覺流經你的全身，啟動自信、力量，感覺銳不可當。

在這記憶中，用你的眼睛看，看你所看見的，聽你所聽到的，感覺你所感覺到的，讓這些感知活現，彷彿你現在身歷其境。現在，你在這記憶中重溫它，固繫於它。

步驟4：當你感覺這記憶的感知與情緒達到高峰時，對這狀態賦予一種顏色和象徵標誌，例如一顆藍色星星，或一支銀箭，任何你想到的顏色與標誌。賦予一種顏色與標誌後，這個高效能狀態現在就在你的神經系統中定錨了，以後，你隨時能夠召喚它。

在感到壓力或緊張的情況下，或是你想讓身心做好準備，以最高效能展開一天、一場會議或一場協商時，或是處理任何你想展現最佳效能的事務時，你都可以使用卓越圈。召喚你的定錨（那個顏色與標誌），想像它流經你的全身，形成高效能狀態。

淨化你的環境，以提升效能

你的時間需要淨化，你生活、工作與演出的環境也需要淨化。你的環境是影響你的時間效能、專注力和生產力的強大力量。

你看到的

我很喜歡近藤麻理惠在《怦然心動的人生整理魔法》[10]中提供的建議，她請讀者在決定如何處理一項東西時，思考一個簡單問題：「這樣東西帶給我快樂嗎？」，若否，就清除它。我另外加入的思考問題是：「這樣東西在我的生活中，有實際或功能性用途嗎？」，以及：「我的環境是否整潔、能啟發和激勵我把工作做到最好？」

現在，環顧你家和你的辦公室，周圍的東西是否激勵與啟發你追求最大幸福與成功？抑或你的周遭環境，使你想起已經不再切要的從前？

你的環境影響你的表現，因此請你務必創造一個支持你的生產力與效能的環境。能夠幫助改善你的視覺環境的做法包括：準備一張白板，列出你目前的構想與計畫；使用便利貼，提醒你當天的意圖；讓你周遭環繞的是能夠激勵與啟發你的個人物品等。

你聽到的

你聽到的聲音也對你的表現有影響，並且影響你的注意力和專注力。你的環境充滿音樂、談話，或是令人心煩意亂的噪音？

凡是令人分心的聲音，都會影響你的專注力和效能，噪音的傷害尤其大。研究顯示，在開放式辦公空間中，因為大約每11分鐘，就會出現造成分心和干擾的聲音，員工因此每天浪費86分鐘。

美國生產力與品質中心（American Productivity & Quality Center）所做的一項調查發現，71%的員工認為，若有別的個人工作與靜思空間，他們的生產力將會提高。[11] 開放式的工作空間，使人人聽到種種聲音 —— 同事的交談、電話談話，甚至敲打鍵盤的聲音，都可能令你抓狂。

每一種因為干擾而導致的分心，哪怕只是短暫的干擾，都可能導致你損失生產力和時間數分鐘，因為它們導致你的專注力變差，或是導致你必須花更多努力，才能再度充分投入於原先的工作。因此，若你沒有或無法擁有一間私人的辦公室或工作站，你應該投資購買一副性能好的消噪耳機，我個人使用的是博士（Bose）消噪耳機，但你可以選擇的品牌很多，甚至老式的耳塞也有不錯的成效。

下表列出對你有益或有害的環境因素對照比較。

有益		有害
有條理、整潔		雜亂無章、骯髒
溫度涼爽（20~22℃）		高溫（23℃以上）
安靜	vs.	吵雜
有益的視覺提示		視覺分心
周遭是適切、有意義的物品		周遭是過時、不適切的物品
健康食物		垃圾食物

　　我希望你從下週起，每天都嘗試「有益」欄中的至少一項。這麼做，你將會看到你的生活、精力、快樂和生產力都有所改變。

　　你已經學到最先進的工具和方法，辨識與淨化你在工作及生活中的時間汙染物，大幅提升你的生產力和時間效能。切記，有所規劃，才能創造成功的環境。

第 11 章
你和時間的新關係

改變你看待事物的方式，
你看到的事物就會有所改變。
—— 韋恩·戴爾（Wayne Dyer），
勵志演說家暨暢銷書作家

現在，你知道你的時間來自於你，你是時間的主人，你對你的時間負責。沒有人可以不經過你的允許就奪去這種主導權，一切操之你手，100％為你所有。

透過本書，你已經學到很多奪回時間的方法和訣竅，了解把你的寶貴時間重新投資於最重要事務的有效方法。未來，你必須持續保護你的時間，提升你的時間效能，本章將教你怎麼做。

本書分別探討了三個M：心態（Mindset）、路線圖（Map）、正念（Mindfulness），你已經了解這三個M，現在我們把它們結合起來，形成一套完整的方法。這套方法將永久改變你和時間的關係，以及你做任何事情的時間效能。

三個M，進入心流

這是本書首次把三個M匯集起來回顧，讓你綜觀如何在生活中實踐：

1. **心態**。你現在知道、也了解時間來自於「你」，時間其實是充裕的，你是時間的主人，對你的時間負責，只要你需要，你會有時間。擁抱這種心態，你就能夠擺脫時間壓力，以最佳的心智、情緒和體能狀態運作。

2. **路線圖**。路線圖把你導向你生活中最重要的事務，就像GPS為你導航、安排路線，預先為你設定最佳路線。想要擁有不迷失方向的路線圖，你必須明確知道成功的目的地，並和你的目的、價值觀和目標校準。

3. **正念**。充分臨在當下，覺察你的思想、你的身體、你的情緒、你的感官、你周遭的一切，但不作出任何評斷，只帶著好奇感，這就是時間淨化流程產生的時間品質、體驗或效能的改進，名為「專注現時」。

遵循這三個M的步驟，你將自然減輕時間壓力，進入心流狀態，與時間融合為一，這就是終極的生活與存

在，最充分地體驗生命。心理學家米海・齊克森米海伊（Mihály Csikszentmihalyi）在《心流》（*Flow*）中，把「心流」定義為：「我們感受到最好的自己，表現最好的自己的最優意識狀態。」[1]充分臨在當下能夠「完全投入於活動本身……時光飛逝，每個行為、動作及思想，自然接續著前一個行為、動作及思想……你整個人投入其中，將技能發揮到極致」，創造出高效能的心流狀態。這就是三個M結合起來，能夠使你做到的最高境界。

使用時間的真正目的是什麼？

現在，你和時間建立了新關係，把時間投資於對你有益的人事物。接下來，我想告訴你，使用時間的真正目的是什麼——使用時間的真正目的，就是要創造最重要的回憶。

你擁有的是時間，時間是你最珍貴、最有價值的資產。達成目標、取得成就，這些固然重要，但是最值得的，其實是過程中的回憶。

我們憑藉回憶而知道自己是誰、代表什麼，我們總是分享和回想賦予我們人生意義的正面體驗，那些正面體驗激勵、鼓舞了我們，帶給我們希望，而且隨著時間過去，讓我們活得充實。

創造那些回憶的關鍵之鑰是：切要地使用時間。為了

能夠切要地使用時間，首先始於連結與擁抱你的獨特天賦和才能，校準於你的「為什麼」、你的真正目的，這能夠讓你用你的時間為你自己、你的家人、朋友、同事、事業和大我，作出正面的貢獻。

切要地使用時間是一種分享體驗，對我而言，人生就是以有意義的方式分享及貢獻。還記得你人生中發生了很棒的事情時，體驗了它之後，你做了什麼？和你親近的人分享。那正面的情緒太強烈，以至於你無法獨享，忍不住想和他人分享。同理，你和這個世界分享你的天賦與才能，這使你體驗到最深刻的連結感、關聯性與意義。

讓自己沉浸於過具有連結感與關聯性的生活，能夠創造出最棒、最有意義的回憶。從事最能表達我們是誰的活動，參與我們最重視的活動，投入於對我們而言重要的事務 —— 我們在這些體驗中建立最深刻的連結。

我們在任何時刻的充分投入、全神貫注（亦即正念），幫助我們不錯失任何最棒的回憶。那些回憶是什麼呢？我想，你已經知道答案了，就是你記得、你為它們而活的時刻。

唯有在從事對我們而言真正重要的事務時，充分臨在當下，我們才能開始創造能夠揭示、反映、提醒我們為何來到人世的回憶。我們必須對時間作出選擇，選擇如何有

意識地創造反映我們是誰的回憶。

　　回憶，是你在充分發揮潛能的過程中留下的遺贈。

你的遺贈

時間＝回憶＝遺贈

　　我活過嗎？我愛過嗎？我重要嗎？
　　——布蘭登・博查德（Brendon Burchard），
　　　　　　暢銷書作家暨高效能教練

　　對於自己希望留下的遺贈、希望世人如何記得自己，以及希望自己留下什麼貢獻，每個人都有自己的定義。

　　許多人聚焦於思考人生接近終點時的遺贈，但是我邀請你這麼想：你的遺贈，是從你出生後的每時每刻所言所行創造出來的持續體驗；你的整個人生的每一時刻，都可以對你的遺贈作出貢獻。

　　透過時間淨化流程，你可以形塑你想如何作出貢獻、如何被世人記得。時間淨化流程為你提供了如何充分活在當下的清楚指引，你如何投資你的時間，創造了你的遺贈，所以請對你的時間作出最好投資。

　　我會要求我的每個企業及個人客戶完成一張「遺贈表

單」，這是他們經歷的最佳練習暨體驗之一，現在也請你體驗一下。在填寫你的「遺贈表單」之前，可以先看看我的範例，知道大概要怎麼填寫。

史蒂芬的遺贈表單

我希望世人如何記得我？

我的朋友：

關心別人，提供支持與鼓勵，總是長伴左右，同甘共苦，直到最後。

我的另一半：

總是提供支持與鼓勵，提供保護，領導，珍愛，有耐心，親切，溫柔體貼，浪漫，一直陪伴到最後。

我的孩子：

總是提供支持與鼓勵，提供指引，領導，慈愛，像個老師，親切，一直陪伴到最後。

我的父母：

為人誠正，施多於受，很有愛心。

我的同事：

努力不懈，有恆毅力，時常激勵、啟發他人。

上帝：

我是上帝的僕人。

世界：

對世界有所貢獻，離世時世界變得更加美好。

我自己：

離世時，了無遺憾。

　　請在你的遺贈表單上的每一個人群類別中，填寫你希望如何被記得，你也可以加入其他你想加入的人群類別。

上網下載時間淨化系統電子版表單

我的遺贈表單
我希望世人如何記得我？
我的朋友：
我的另一半：
我的孩子：
我的父母：
我的同事：
上帝：
世界：
我自己：

　　填寫完你的「遺贈表單」之後，檢視你在每一個人群類別中的期望，自問：「我現在有做到嗎？有改進空間嗎？」別作出批判，好奇探索，這是在審視你的生活，省思若以你的時間來表達你這個人，你覺得還需要作出什麼調整與改進。

　　做這個小練習，總是令人大開眼界，甚獲啟發。對許多人來說，這是他們在人生中第一次表明，他們希望世人如何記得他們，這些期望演繹為他們現在應該如何生活。做這個小練習時，可能會引發種種情緒，這是自然現象，別抗拒，就讓那些情緒自然流瀉，總是臨在當下，聚焦於你選擇自己應該是個怎樣的人，這代表了你的遺贈。時間是你的，你是時間的主人，擁有100％的主導權。現在，你該採取行動，善用時間來創造你想要達到的境界。

避免常見的人生遺憾

> 為了成就感努力……
> 別在世上浪費時間，一無所成。
>
> ——喬伊・羅根（Joe Rogan），
> 喜劇演員暨節目主持人

　　在你考慮你的遺贈時，或許會想知道，世人在生命終

了時的前五大遺憾。《和自己說好，生命只留下不後悔的選擇》(*Top Five Regrets of the Dying*)一書作者布朗妮·維爾(Bronnie Ware)是位安寧看護，她從她照護的臨終者身上，總結出他們人生的前五大遺憾。這些遺憾有助於省思你的人生，思考你希望留下的遺贈：[2]

- 但願我曾經有勇氣過自己真正想要的生活，而不是他人期望我過的生活。
- 但願我沒有那麼賣力於工作。
- 但願我曾經有勇氣表達自己的感受。
- 但願我能和我的朋友保持聯繫。
- 但願我讓自己活得更快樂一點。

比起其他遺憾，第一個遺憾給予我最深切的感觸：「但願我曾經有勇氣過自己真正想要的生活，而不是他人期望我過的生活」，因為我看到太多人被時間毒素、框限思維、環境，以及現今世界的種種分心事物拖累，浪費時間和生命在別人安排他們去做的事。

這也是我教導你如何使用時間淨化流程的主要原因──和你的真正目的，以及對你而言最重要的東西連結，以免你有這個遺憾。時間淨化流程讓你有機會現在就致力於消除這些遺憾。

我想和你分享一個你可能會覺得反直覺的概念，這是

我的良師益友、吠陀冥想大師湯姆·諾爾斯（Thom Knoles）給我的一個關於死的概念：**人生於何日何時，死於何日何時，都是命定的，我們全都有同等精準的時間戳記。**

這麼想吧！若你還不會死，你就一定有明天。你認為，在這種心態下，你能多有幹勁？你現在大概也不會在閱讀這本書。

若你知道你在人世的時間有一定長度，這種認知將本能地激勵你每天起床，對你的時間作出最大利用。時間，就是你的生命。

下列這道簡單的數學題，讓你確實了解一下你的人生可能剩下多少時間（這裡使用的是平均壽命，78年左右。）我在做我的時間淨化流程時，都會算一下這道數學題，這是能夠激勵你把時間用在對你而言最重要的人事物上的最佳流程之一。

我還有多少時間？

步驟1：78年（平均壽命）– 你目前的年齡＝年數

步驟2：（步驟1的答案）×0.6（減去睡眠時間後的清醒時間比例）＝年數（你剩下的清醒時間）

例子：肯恩，45歲

步驟1：78年（平均壽命）–45年（目前的年齡）＝
　　　　33年

步驟2：33年×0.6（減去睡眠時間後的清醒時間比
　　　　例）＝19.8年（肯恩剩下的清醒時間）

現在，你已經算出你大概剩下多少清醒時間了。不論多久，你都擁有特別的機會，你打算用你剩下的時間做什麼？你可以如何作出貢獻，切要地使用時間？

這本書看到這裡，你應該已經知道你想要什麼，也了解如何清除阻礙你或拖累你的時間毒素和行程汙染物，並且學到專注現時，以及改善你的時間品質、體驗與效能的各種工具。

像湯姆那樣過活

我總是喜歡接到我的拳擊啟蒙教練湯姆‧德萊尼的電話，可是2015年，我接到的電話不一樣：「大塊頭史蒂芬，我想讓你知道，我太太瓊恩過世了。」他們結縭50年。他繼續說：「我只是想讓你知道」，儘管他試圖掩飾，我仍然能從他的聲音聽得出悲傷與寂寞，「你何時回來？」

幾個月後，我在感恩節前返回芝加哥，投宿市中心旅

館，打算翌日造訪湯姆。翌日早上睡醒後，我發現，市裡積雪高達 20 公分，街道一片亂糟糟，我心想是否要另改探訪湯姆的時間，但最後還是決定按照計畫前往，叫了一輛車來接我。

　　大約一小時後，車子到了，司機笑容可掬地迎接我。他提醒我，路況很糟糕，車程可能比預期得還要長。隨著時間過去，我被雪攪得很沮喪，擔心當天都不知道能否見到湯姆。我考慮過請司機掉頭回去，但終究決定來幾次深呼吸，鎮定自己。我很快就認知到，我讓時間壓迫了我。於是，我放鬆下來，享受和司機交談，直到抵達湯姆家。

　　抵達湯姆家時，情況很不同於以往，我打開門，四周安靜得可怕，湯姆心愛的吉娃娃們不在了。我想問牠們都到哪裡去了？但我知道，這個家已經不再是以前那個家了，所以我沒有問出口。我進屋時，湯姆大喊：「大塊頭史蒂芬！」他坐在桌邊，穿著白色 T 恤，露出大笑容，沒了牙齒的面容顯得蒼老，桌上已經擺了煮好的咖啡。

　　我坐下來，我們開始如常聊天。我告訴他我正在做的時間淨化系統及其原則，他看起來很感興趣。當我談得更多時，看出他似乎有話想說。終於，他開口了：「史蒂芬，我當你的教練那麼多年，但現在，我需要你的幫助。」

　　這句話使我有點驚愕地打住，我心想：「他從來沒有

這麼請求過我」，我知道，應該是有什麼重要的事。

湯姆說：「是這樣的，我太太過世後，我很迷茫，過一天是一天地拖時間。現在，我的生活該怎麼辦？」這個大問題可難住我了，不只是它的難度，還有它背後的痛苦與孤獨。我的導師在諮詢我的意見，我既榮幸，也吃驚。我開始想像失去心愛、相伴 50 年的人，突然變得孤獨，會是什麼樣子？我設身處地思考，嘗試感受與理解。

片刻後，我對湯姆說：「你得設法愛上點什麼，我知道這很困難，但你必須這麼做。」他看看我，然後將目光轉向空中凝視，一邊想著我說的話，一邊點頭。我感覺到那片刻的沉重。然後，他向我道謝。

這個話題就此打住，我們轉到另一個話題時，我突然意識到一個有趣的事實。我當時 51 歲，我初遇湯姆時，他也是 51 歲，都過去這麼多年了，現在，我已經到了他當年的年紀了。

這些年，湯姆已經改變了這麼多。我看看時鐘，發現我們已經聊了四個小時，感覺就像只過了幾分鐘，我得走了。我對湯姆說：「我該走了，我約了我弟弟一起吃晚餐。」

我剛站起身，就聽到湯姆說：「別走，史蒂芬，你才剛來呢。」那一瞬間，33 年的歲月在我眼前一閃而過，自我初遇這位既嚴格又慈愛的導師，這位總是長伴我左右

的湯姆・德萊尼，33 年已經過去了。

　　我又坐了下來，想再多坐個幾分鐘，實在不忍就這樣離去。但這一坐，又過了幾個小時，真的該走了。站起身之前，我直視湯姆，再次告訴他，他的友誼和教導對我有多麼寶貴，如何塑造了現在的我。在我說這些時，我看到眼淚滑落湯姆的臉，我想，那一刻，我們兩人都深切感激彼此的友誼與愛。我站起身，給了湯姆一個大擁抱，彼此道別。

　　我打開門，走出去，芝加哥冷冽的冬季空氣撲面而來。我再次回望，湯姆面露微笑，向我揮手。

　　那是我最後一次看到湯姆・德萊尼。

　　幾週後，我接到他女兒譚美的電話，告訴我，湯姆已經過世了。她說：「他交代我，要打電話通知你。」

　　我不知道的是，我最後一次跟湯姆見面時，他正在和白血病搏鬥，正在接受治療，染上肺炎。那次造訪後，他的健康急轉直下，被送去醫院治療。但是，到了醫院，他告訴他的直系親屬，他不想再接受治療了。他說：「我已經過了很棒的一生，做了我在人世間想做的一切。」他叫譚美把所有家人請來醫院，並且要她通知「大塊頭史蒂芬」，他走完人生了。然後，他說：「我已經做了我此生必須做的一切，現在該是回去看看我此生心愛的那個人的

時候了。」湯姆在那一晚辭世。

　　我和你分享這個故事，是因為時間很重要。那天，我必須決定是要對抗嚴峻的芝加哥寒冬，去見一位老朋友呢，還是要等下次返回芝加哥時，再安排時間去拜訪他。我作出了心裡覺得正確的抉擇，重視我人生中最重要的關係之一，不讓天氣阻礙我，好讓我回報曾經惠賜我那麼多的一個人。

　　若我當時不清楚什麼對我而言是最重要的，或是那天早上被其他事物攪亂，我大概不會完成那次的拜訪。我由衷感謝學過本書介紹的原則和方法，它們使我作出了正確決定，讓我有機會再見湯姆一面。

下列是湯姆的訃聞內容：

湯瑪斯・約瑟夫・德萊尼，伊利諾州德普蘭斯市（Des Plaines）市民，1931年9月13日出生於愛爾蘭，生前當過灰狗巴士司機，於2015年12月18日在帕克里奇市（Park Ridge）過世。他心愛的妻子瓊恩早他離世，他身後留下珍愛的孩子譚美・布瑞斯維特（Tammy Braithwaite）和湯瑪斯・艾林・德萊尼二世（Thomas Eileen Delaney, Jr.），以及孫子女譚雅、凱瑟琳與湯瑪斯三世。親友將於12月26日（週六）中午12:30舉行告別式，追思禮拜將於下午2:30開始，地點是德普蘭斯市礦工街2099號歐勒殯儀館。[3]

透過時間淨化系統，和時間建立關係，其美妙之處是使你的人生以及生命的每一秒鐘變得更有意義，讓你有更多機會和其他人建立連結，作出正面影響，留下讓你及你的子子孫孫引以為傲的持久遺贈。

- 人們將如何評價你？
- 誰會記得你，記得你的什麼？
- 你將留下什麼遺贈？

時間淨化系統讓你走出小我，走進能夠改變你及許多

人的生活的關係、計畫和行動裡。它使你能夠在任何時刻
駐足，評估你的優先要務，清除任何對你有害的東西，讓
你以你真正想要的方式使用你的時間，度過一個每天每時
每刻都值得的人生。

新的生活方式：
讓你的生活多出時間，
為你的時間增添生命

跌倒七次，起身八次。

—— 日本諺語

　　正確投資與使用時間，是獲得持久幸福與成功的基石。透過時間淨化流程，你已經和時間建立新的關係，現在，時間是你的盟友與支持者，讓你能夠把它的效益和力量，用於對你的人生最重要的人事物上。當你和時間的關係支持你時，凡事皆有可能。

　　時間是生命的本質，它是你將做、獲得或變成的一切；時間本身就是生命。簡言之，為了獲得幸福與成功，充分發揮你的潛能，你必須有時間，並且懂得如何使用時間。

　　大量研究支持這個理念 —— 持續且有成效地使用時間來達成你的目標，在所有領域成為高效能人士。安琪拉‧達克沃斯是賓州大學學者、《恆毅力》（Grit）一書作者，[1] 她研究優秀的作曲家、醫生、拼字比賽優勝者、西

點軍校學生，以及其他高成就者，想知道是什麼使他們達到優秀境界。她的研究發現顯示，天賦和智商，固然是成功的部分要素，但更重要的是長期的持續努力（毅力與熱情），她稱為「恆毅力」；確切地說，就是不畏逆境，能夠長期持續努力。

毅力與熱情是成功的絕對必要，但是若缺乏時間效能，縱使有毅力與熱情，一切仍然只是痴心妄想。你的成功，取決於你能不能持續一貫、長期地以熱情向前推進，不畏艱難與逆境，絕不半途而廢。

這就是時間淨化流程的目的，它為你奪回寶貴的時間，教你如何正確使用，優雅與時間共舞，提升你持續朝著夢想、渴望、目標、充分發揮潛能前進的效能與能力。時間淨化系統是你的熱情、毅力、恆毅力的燃料，它增強你的恆毅力！

一旦你確知自己想要什麼，了解時間的效用，一切都將改變，你能成事！時間淨化系統教你如何取得堅持下去所需要的更多時間，教你如何完全臨在當下，改善你的時間品質、體驗和效能。

你和時間的新關係，你對時間的思維，你使用時間的方式，這些對你的人生的影響程度高到難以高估的地步。讓我講個有關我母親的故事吧！這個故事可以總結我到處

與人分享時間淨化系統的原因。

我很早就知道我母親工作多賣力，我出生僅僅五天後，我母親就回去工作了，她一直工作到七十幾歲。我剛滿一歲不久，我父親就丟下我和我媽，而且很粗魯地把家中的所有家當都搬走。家具、電視機、鍋碗瓢盆、甚至連毛巾都席捲一空，他還把銀行帳戶裡的錢提領一空，只留給我們3美元。我媽是某天晚上下班回到家才發現這一切，我們從此再也沒見過他，他再也沒聯絡過我們。那一刻，我媽想必覺得她的人生分崩離析了吧！但是，在悲痛至極且毫無防備下，她收拾起破碎的心，繼續往前走。

我母親是個聰明人，但從未有機會上大學，我目睹這個障礙糾纏了她的整個職涯。我父親離家幾年後，她再婚，我同母異父的弟弟出生幾年後，她再次離婚。很多時候，她做兩份工作，以撫養我弟弟和我。不用工作的每一分鐘，她都用來照顧我們兩人，她恆常處於和時間奮戰之中。

早年生活過得很清苦，我們斷斷續續地仰賴政府的住屋援助和食物券，但在種種困境下，我母親堅強無比。她是個領時薪的工作者，相同的工作，工資只有男性的約六成。看著她如此賣力工作養活我們，我真是難過極了！她從來就沒有自己的享受時間，不曾有時間做自己感興趣的事，更別提追求自己的夢想了。我們的境況從未能明顯改

善，但她就是有辦法勉強維持生計，我從未少吃一餐，需要的運動裝備也從未缺過，但我知道，她非常不容易。

我這輩子永遠感激我母親的犧牲，以及她教我的。光是看著她，毅力和努力工作的重要性，在我很小年紀時，就已經灌輸至我的腦袋。她啟發我抱持正面、積極的態度，她以身作則教我絕對別抱怨必須做的事。她教我終身學習和取得大學教育的重要性，我很光榮成為我們家族中第一個取得大學文憑的人。

在我從母親身上學到的所有啟示當中，最突出的一個是她的恆毅力。我母親從來不放棄，總是繼續奮鬥，縱使在最艱困時，她仍然繼續前進。

為了這個，以及數不清的其他，感謝您，媽媽。

我對時間的深切熱情，一大原因是我的母親。我討厭看到任何人 —— 尤其是有工作的母親 —— 因為時間而陷入困頓，因為我有切膚之痛，那使我想到我辛苦的母親。但現在，我知道，未必得如此，我們每個人都有時間可以成為優秀的供養人、父母、良師益友和領導人。

你的時間就是現在。

我用「GRIT」這個頭字語，來幫助你想起下列法則。

G: Go for it!（全力以赴！）

現在是你採取行動的時候了，作出正確選擇，朝著你想要的境界邁進。就像 GPS 為你導航，當你的思想、選擇和行動，校準於你的目標和大夢想時，你就創造出一種形式的個人路線圖，幫助你用最短的時間抵達你的最終目的地，途中遭遇到最少的障礙，並且享受這段旅程。

R: Release（擺脫）

擺脫你的框限思維，正視你的盲點，去除你的時間毒素。透過淨化，你已經擺脫了拖累你、阻礙你的東西。進入高效能狀態之後，你應該放下所有對你無益的東西。你要追求的是優異的表現，因此，你必須擺脫現在束縛、限制你的任何東西，充分發揮你的潛能。當你充分發揮潛能時，你自然就會快速前進，一路建立動能與毅力。

I: Ignite Yourself!（點燃自己！）

你的「為什麼」點燃及創造能量、靈感、幹勁，啟動你的熱情。和你的「為什麼」保持連結 —— 你為什

麼想達成這個目標？你憧憬自己成為怎樣的人？你的
「為什麼」是為你的每一步賦能的燃料。

T: Time（時間）

掌控你的時間，時間是生命的本質，成為你的時間的
主人。你的人生只有一個主人，那就是你。在這世
上，你唯一能完全掌控的就是你和你的時間。為你的
人生、你每天每時每刻的思想、情緒和行動負責。你
掌控你前進的時間、方向、動能與速度，請成為它的
主人。勝利是你的，去爭取吧！無關乎完美，只關乎
前進。持續前進，主動從一切中學習，天天成長。充
分發揮你的潛能，填寫你的人生，持續讓你的生活多
出時間，為你的時間增添生命。

切記：
- 你是時間的主人
- 你可以充分活在當下
- 你對你的時間100％當責
- 你掌控你朝往什麼方向

轉變的過程已經開始，你的覺醒已經開始。「覺醒」
意味的是：你現在有目的地展開每一天，你有意圖，你清

楚知道你這一天想要什麼，然後展開行動。你是時間的源頭，你有主導權，時間為你服務。

你，不再是從前的你了。你現在全力啟動你的潛能，你聚焦於進展，進展使你持續下去，每個步驟和每一次的勝利使你獲得更大、更好的成果。你和你的目的連結，以對你和集體而言切要的方式作出貢獻。你的時間就是現在！

我的導師暨教練湯姆·德萊尼總是與我相伴。所有的高潮與低潮，他都在場，教導我，支持我，鼓勵我。讀完本書，想想你的事業和生活中最重要的是什麼？我希望你知道，不論發生什麼事，我將與你相伴，用時間淨化系統的力量，支持你的每一步！

了解時間，透過時間來投資你的人生，將讓你收獲無窮，帶你飛越你的最大夢想，豐富你人生中的每一天。把時間當成你的最重要資源，聚焦於實現你的目的，一路上創造美好的回憶，建立你引以為傲的遺贈。

最終，時間淨化系統將帶給你自由，讓你做自己，活出你的意義。你的時間終將再度成為你的。

切記：

> **時間只有一個，那就是現在；**
> **方向只有一個，那就是向前。**

謝辭

　　有句我引用多年的諺語是這麼說的：「你總是自己做，但從來不是獨自做」，這篇謝辭可以證明這句話有多麼正確。首先，我要感謝多年來在我的人生旅程中貢獻並幫助我的所有教練與導師，沒有他們，就沒有今天的我。感謝我有幸共事的所有客戶和學員，我從你們身上學到太多，也從你們身上看到人類精神的能力。多年來，我受助於太多人，若我未能在這篇謝辭中包含你們，那絕對是我的無心之過。

　　感謝我的母親為我作出那麼多犧牲，感謝您教導我什麼是恆毅力。感謝我的良師益友暨拳擊教練湯姆・德萊尼（Tom Delaney），感謝你的仁慈、愛心、慷慨和關愛。感謝你相信我，總是陪伴著我，向我示範「教練」的風範。我天天帶著它們，實踐它們。感謝篠崎由紀（Yuki Shinozaki），妳的深愛與支持幫助我實現撰寫此書的願景，感謝妳的種種鼓勵與啟發，沒有妳，我無法寫就此書。

　　感謝我的經紀人 Greg Ray 相信我和這本書，在過程中的每一步指引及支持我，幫助我把本書帶到這個世界。我在麥葛羅希爾出版公司（McGraw-Hill Education）的編輯 Cheryl Ringer，我知道我們初次會面後，妳就看出這個

願景，而且我是對的。感謝妳對本書所有的出色編輯與指導，妳太棒了！David Christel，感謝你多年來的友誼、持續支持、關愛，提供無數的歡笑！感謝你在我最需要的時候，仁慈地為這本書提供編輯協助、建議、文稿整理等。感謝 Nancy Hancock，謝謝妳的智慧與指導，以及許多小時的討論，幫助我琢磨此書，清楚傳達我的訊息。

感謝馬克・麥唐納（Mark MacDonald），你是全球最棒的營養師，謝謝你多年來的友誼、激勵和指導，尤其是幫助我完成這本書。你的營養學專業知識幫助我保持健康與活力，讓我能夠持續朝向傳達我的訊息前進，我要給你大大的擁抱。Ryan Brown，感謝你的友誼、貢獻，以及對本書的洞察。不論我需要什麼，你總是都在。感謝 Rivka 幫助整理這本書的許多故事，感謝妳持續的支持、指導與鼓勵，妳是很棒的說故事高手。

感謝我的導師派特・亞倫（Pat Allen），妳指導的方法與原則，幫助塑造我身為男人及教練的生活。感謝妳多年來對我的工作的關愛、支持與鼓勵。Geoffry White，感謝你在順境與逆境中的友誼與建議，你真的是一路陪伴著我。湯姆・諾爾斯（Thom Knoles），感謝你的智慧、指導，以及冥想修練指導。你的指導總是那麼簡明、精確，你總是知道該說什麼。

Charles Pence，我很榮幸擔任你的教練這麼多年，看著你精簡時間，你是少數能夠持續一貫地前進、努力的人之一。Pat Norton，感謝你的友誼、支持，以及我們在一起的許多歡笑。感謝你信賴我的教練指導，看到你和你周遭的人生活轉變，真是太棒了！Alex Ochart，謝謝你從本書撰寫之初，就投入熱情、創意見解和鼓勵，你讓我動了起來。Jim Hjort，感謝你的友誼、鼓勵、審閱本書初稿，以及歡笑。感謝Keith Koons的洞察、撰述，幫助我把我的想法寫出來。

John Dewey，感謝你總是提供友誼與支持，你貼心的話幫助我持續前進，我們的長談持續啟發我，你的幕後貢獻幫助我得以向世界傳達訊息。John Morrow，從SOP's的早年起，你就一直提供我友誼與支持，感謝你，好友。

感謝我的友人Kristie、George和Sophia Kosmides，你們持續的關愛與支持，是提振和支撐我的力量。Kristie，打從我在夏威夷撰寫我的第一本書起，妳就一直用妳的關愛及友誼支持我，衷心感謝妳。George，我撰寫這本書時，每天看著我擺在桌上的你的相片，提醒我你象徵及賴以度日的希望，你幫助過這麼多人，我真想念你。

我的弟弟Matt，感謝成長至今，你一路上的支持與情誼。David Sullivan，你早年的幫助使我獲得第一個企業

客戶，我永遠記得這件事，也永遠感激你的友誼和持續鼓勵。Allen Hoey，打從我們在健身房結識起，你總是展現睿智，感謝你這麼多年來的友誼與支持。Chris Harvey，你的創意、你的高超攝影技巧、你的友誼，以及我們深入的交談，總是帶給我啟示。感謝 Mindy Mai 的支持、耐心、關愛，為我送來數不盡的美食。

Misha 和 Denise Georgevitch，感謝你們對我的種種關愛和支持，以及美味的居家料理。Liam Roberts，感謝在我撰寫本書期間，我們大清早去做立式划槳運動時的交談，衷心感謝你的支持。Gary De Rodriguez，你在多年前幫助我踏上這條路，幫助我看清真我，看出我能夠做什麼，謝謝你。瑪莉琳‧楊‧柏德（Marilyn Young Bird），感謝妳在我初次的靈境追尋之旅時提供的藥物與嚮導，幫助我清路，發現我的真正目的。James Malinchak，非常感謝你的啟發性支持，鼓勵我寫書。C.J. Matthews，感謝你的友誼陪伴，總是相信我，不論順境或逆境，總是給我支持。

Charmain Page，感謝妳在我每次需要時，提供關愛、展現智慧、堅定督促。蓋‧亨德里克斯（Gay Hendricks），你的著作啟發我和我的工作。Vaughan Risher，感謝你的創意思考、攝影、網站設計等支持。Nancy Njdeyo，感謝妳為本書所做的研究工作。韋恩‧戴

爾（Wayne Dyer），你的著作使我以新的可能性看待這個世界。布萊恩‧崔西（Bryan Tracy），感謝你所有著作提供的智慧與洞察。喬‧卡巴金（Jon Kabat-Zinn），感謝你的正念療法、你的智慧與你早年的著作，引領我走上正念之路。Doug DeLuca，感謝你對我的事業提供友誼、鼓勵與支持。Terese Mulvihill，謝謝妳的友誼及支持性的談話。感謝 Villas-Santosh 的人員 Kealoha、Chuck、Matt，你們幫助創造最好的環境，讓我在其中工作及撰寫此書。

　　Pete Zachary，謝謝你信賴我，讓我指導你奪回你的時間，並且讓我在本書分享你的故事。Natalie Collins，感謝妳主持我的每週一晨間激勵播客節目。Kentay Williams，感謝你協助我推出我的第一場時間淨化活動。Peter Hyoguchi，感謝你的攝影及創意。感謝 Vi Rooks 的冥想指導與支持，Liz Fiori 幫助我保持健康，Bibi Goldstein 團隊的幕後支援，Linda Buffington 的活動支援，Mark Kendrick 的法律支援，Shianne Gobin 的協助，Paul Zehrer 的支援。Adam Miller、Ann Hamilton、Grant Heller、Norm Compton、Debbie Compton、Mike Hibner、Lisa Pantastico，以及 Chris Campbell，感謝你們成為最早的時間淨化學員，無畏地努力奪回你們的時間。感謝 Taita Juan Guillermo Chindoy、Carlos Duran、

Alejandra DeLuca、Liz Bowlus等人對我的旅程的支援。
Neil Strauss，感謝你的支持與信任，讓我和你共事。
Sandy McMaster和Doug McMaster，我在撰寫這本書時，
總是聆聽你們優美的夏威夷吉他音樂，謝謝你們！

注釋

第1章 關於時間

1. Social & Demographic Trends, "Life's Priorities: Time Over Money," Pew Research Center, November 5, 2010, www.pewsocialtrends.org/2008/04/09/inside-the-middle-class-bad-times-hit-the-good-life/480-3/.

2. Shawn Achor, *The Happiness Advantage* (New York: Currency, 2010).

3. Martin Seligman, *Learned Optimism: How to Change Your Mind and Your Life* (New York: Vintage Books, 2006).

4. Maarten W. Bos and Amy J.C. Cuddy, "iPosture: The Size of Electronic Consumer Devices Affetcs Our Behavior," Harvard Business School Working Paper, No. 13-097, May 2013, https://www.hbs.edu/faculty/Pages/item.aspx?num=44857.

5. https://www.elitedaily.com/news/world/study-people-check-cell-phones-minutes-150-times-day and https://www.nytimes.com/2017/01/09/well/live/hooked-on-our-smartphones.html.

6. Tristan Harris, "Our Society Is Being Hijacked by Technology," Center for Humane Technology, http://humanetech.com/problem/.

7. Courtney Ackerman, "The 23 Amazing Health Benefits of Mindfulness for Body and Brain," Positive Psychology program, March 6, 2017, https://positivepsychologyprogram.com/benefits-of-mindfulness/.

第2章　了解你和時間的關係

1. Amy Morin, "Your Failure to Differentiate Stress from Pressure Could Be Your Downfall," *Forbes*, March 18, 2015, www.forbes.com/sites/amymorin/2015/03/18/your-failure-to-differentiate-stress-from-pressure-could-be-your-downfall/#6d25ae793a32.

2. Case Western Reserve University, "Perception of Time Pressure Impairs Performance," ScienceDaily, Feburary 16, 2009, www.sciencedaily.com/releases/2009/02/090210162035.htm.

3. Peter R. Brown, Wendy J. Brown, and Jennifer R. Powers (2001), "Time Pressure, Satisfaction with Leisure, and Health Among Australian Women," *Annals of Leisure Research*, 4:1, 1-16, January 14, 2013, 10.1080/11745398.2001.10600888.

4. Friedman and Rosenman, Association of a Specific Overt Behavior Pattern with Increase in Blood Cholesterol, Blood Clotting Time, Incidence of Arcus Senilis and Clinical Coronary Artery Disease, *JAMA*, 1959, 169:1286-96.

5. Gay Hendricks, *The Big Leap: Conquer Your Hidden Fear and Take Life to the Next Level* (New York: HarperOne, 2009).

第3章　你的人生在追求什麼？

1. Simon Sinek, *Start with Why: How Great Leaders Inspire Everyone to Take Action* (New York: Penguin Group, 2009), 37-40.

2. Peter Gollwitzer and Veronika Brandstatter, "Implementation Intentions and Effective Goal Pursuit," *Journal of Personality and Social Psychology* 73, no. 1 (1997).

3. Marry Morrissey, "The Power of Writing Down Your Goals and Dreams," HuffPost, September 14, 2016, www.huffingtonpost.com/marrymorrissey/the-power-of-writing-down_b_12002348.html.

第4章 時間毒素

1. Helen O'Neill, "Scientist's Death Helped Increase Knowledge of Mercury Poisoning," *Los Angeles Times*, September 14, 1997.
2. Napoleon Hill, *Outwitting the Devil: The Secret to Freedom and Success* (New York: Sterling Publishing, 2011).

第6章 重新投資你的時間

1. Ashley V. Whillans, Elizabeth W. Dunn, Paul Smeets, Rene Bekkers, and Michael I. Norton, "Buying Time Promotes Happiness," PNAS, August 8, 2017.
2. David Goggins, *Can't Hurt Me: Master Your Mind and Deft the Odds* (Lioncrest Publishing, 2014).

第8章 了解你的時間風格，學會和不同風格的人相處、共事

1. Brené Brown, *Dare to Lead: Brave Work Tough Conversations. Whole Hearts* (New York: Random House, 2018).

第9章 配合你的時型，重新規劃每一天

1. Daniel Pink, *When: The Scientific Secrets of Perfect Timing* (New York: Riverhead Books, 2018), 26-35.

2. Brad Stulberg, "The Scientific Way to Harness Timing for Peak Mental and Physical Performance," Medium, Feburary 9, 2018, https://medium.com/personal-growth/the-scientific-way-to-harness-timing-for-peak-mental-and-pyhsical-performance-8ceb30703942.

3. Mel Robbins, *The 5 Second Rule: Transform Your Life, Work, and Confidence with Everyday Courage* (Tennessee: Savio Republic, 2017).

4. William McRaven, *Make Your Bed: Little Things That Can Change Your Life...And Maybe the World* (New York: Grand Central Publishing, 2017), 3-9.

5. Eisenhower, "Introducing the Eisenhower Matrix," https://www.eisenhower.me/eisenhower-matrix/.

6. Christian Voelkers, "Benefits if a Standing Desk," VersaDesk, Feburary 20, 2018, https://blog.versadesk.com/index.php/2018/02/20/benefits-standing-desk/.

7. J.D. Meier, *Getting Results the Agile Way: A Personal Results System for Work and Life* (Washington [Bellevue]: Innovation Playhouse, 2010).

第10章 正念多工作業，還有一些提升效能的好方法

1. Chris Bailey, *Hyperfocus: How to Be More Productive in a World of Distraction* (New York: Viking, 2018), 63-65.

2. Gloria Mark, Daniela Gudith, and Ulrich Klocke, "The Cost of Interrupted Work: More Speed and Stress," Conference on

Human Factors in Computing Systems, January 2008, https://www.ics.uci.edu/~gmark/chi08-mark.pdf.

3. Kathrine Jebsen Moore, "How E-mail Harms Your Intelligence," Priority Management NSW and ACT, www.prioritymanagement.com/nsw/resources/resource.php?resource_id=53.

4. Adan Gorlick, "Media Multitskers Pay Metal Price, Stanford Study Shows," Stanford News, August 24, 2009, https://news.stanford.edu/2009/08/24/multitask-research-study-082409/.

5. CDC, "1 in 3 Adults Don't Get Enough Sleep," Centers for Disease Control and Prevention, Feburary 18, 2016, www.cdc.gov/media/releases/2016/p0215-enough-sleep.html.

6. Dave Asprey, "Opposites DO Attract: Coffee Naps, the Bulletproof Power Nap, Explained," Bulletproof (blog), May 18, 2015, https://blog.bulletproof.com/coffee-naps-bulletproof-power-nap/.

7. Andrew Weil, "Three Breathing Exercises and Techniques," Andrew Weil, M.D., www.drweil.com/health-wellness/body-mind-spirit/stress-anxiety/breathing-three-exercises/.

8. Pamela Weiss, "Guided Meditations," Appropriate Response, www.appropriateresponse.com/teachings/.

9. "Circle of Excellence for Powerful States," NLP Mentor, https://nlp-mentor.com/circle-of-excellence/.

10. Marie Kondo, *The Life-Changing Magic of Tidying Up: The Japanese Art of Decluttering and Organizing* (New York: Ten Speed Press, 2014).

11. Krista Krumina, "26 Office Improvements from A to Z to Boost Your Team's Productivity," DeskTime, April 10, 2017, https://desktime.com/blog/26-office-improvements-from-a-to-z-to-boost-your-teams-productivity.

第11章 你和時間的新關係

1. Mihály Csikszentmihalyi, *Flow: The Psychology of Optimal Experience* (New York: HaperCollins, 2009).
2. Bronnie Ware, "Regrets of the Dying," Bronnie Ware, https://bronnieware.com/blog/regrets-of-the-dying/.
3. https://www.legacy.com/obituaries/name/thomas/delaney-obituary?pid=176967224.

結語 新的生活方式：讓你的生活多出時間，為你的時間增添生命

1. Angela Duckworth, Christopher Peterson, Michael D. Matthews, and Dennis R. Kelly, "Grit: Perseverance and Passion for Long-Term Goals," *Journal of Personality and Social Psychology*, Vol. 92, no. 6 (2007): 1087-1101.

Star 星出版 財經商管 Biz 005

時間都到哪裡去了？

重新規劃每一天，
不再浪費時間，充分發揮潛能，
將生命投資於最重要的事

The Time Cleanse
A Proven System to Eliminate Wasted Time,
Realize Your Full Potential,
and Reinvest in What Matters Most

作者 —— 史蒂芬．葛林芬斯 Steven Griffith
譯者 —— 李芳齡

總編輯 —— 邱慧菁
特約編輯 —— 吳依亭
校對 —— 李蓓蓓
封面設計 —— 兒日設計
內頁排版 —— 立全電腦印前排版有限公司

讀書共和國出版集團社長 —— 郭重興
發行人兼出版總監 —— 曾大福
出版 —— 星出版／遠足文化事業股份有限公司
發行 —— 遠足文化事業股份有限公司
　　　　231 新北市新店區民權路 108 之 4 號 8 樓
　　　　電話：886-2-2218-1417
　　　　傳真：886-2-8667-1065
　　　　email：service@bookrep.com.tw
　　　　郵撥帳號：19504465 遠足文化事業股份有限公司
　　　　客服專線 0800221029
法律顧問 —— 華洋國際專利商標事務所 蘇文生律師
製版廠 —— 中原造像股份有限公司
印刷廠 —— 中原造像股份有限公司
裝訂廠 —— 中原造像股份有限公司
登記證 —— 局版台業字第 2517 號

出版日期 —— 2021 年 08 月 23 日第一版第三次印行
定價 —— 新台幣 400 元
書號 —— 2BBZ0005
ISBN —— 978-986-97445-9-1

著作權所有　侵害必究

星出版讀者服務信箱 —— starpublishing@bookrep.com.tw
讀書共和國網路書店 —— www.bookrep.com.tw
讀書共和國客服信箱 —— service@bookrep.com.tw
歡迎團體訂購，另有優惠，請洽業務部：886-2-22181417 ext. 1132 或 1520

國家圖書館出版品預行編目（CIP）資料

時間都到哪裡去了？/ 史蒂芬．葛林芬斯 (Steven Griffith) 著；李芳
齡譯 . -- 第一版 . -- 新北市：星出版，遠足文化發行，2019.12
336 面；14.8×21 公分 . -- (財經商管 Biz；5)
譯自：The time cleanse : a proven system to eliminate wasted time,
realize your full potential, and reinvest in what matters most

ISBN 978-986-97445-9-1（平裝）

1. 時間管理 2. 成功法

494.01　　　　　　　　　　　　　　　　　　　　108019822

新觀點
新思維
新眼界